まとめ上手

理 科

| Physics | Chemistry | Biology | Earth Science |

本書の特色

　この本は，中学2年の重要事項を豊富な図版や表を使ってわかりやすくまとめたものです。要点がひと目でわかるので，日常学習や定期テスト対策に必携（ひっけい）の本です。

もくじ

4つのpartが
あるんだよ!

しくみと使い方

part**1** ～ part**4**　1節は4ページまたは6ページで構成しています。

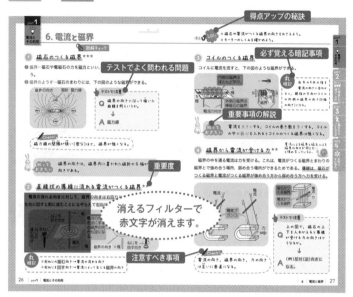

図解チェック

1～3ページ目，または1～5ページ目。

節を小項目に分け，それぞれの重要度に応じて★印をつけています（★→★★→★★★の3段階）。小項目は，解説文と図表・写真などからなっています。

☑ チェックテスト

4（または6）ページ目は一問一答による節のチェックテストで，答えは右段にあります。

3（または5）ページ目下には，ゴロ合わせとマンガでまとめた「最重要事項暗記」を入れています。

☑ まとめテスト

章末には，章の内容を復習できる一問一答による「まとめテスト」があります。

1. 回路と電流・電圧

📎 図解チェック

1 回 路 ★★★

電池（電源）から豆電球などを通って電池までつながった，切れ目のないひとまわりの電流の流れる道筋を**回路**という。

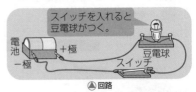

スイッチを入れると豆電球がつく。

電池　＋極　一極　豆電球　スイッチ

▲回路

✏️ Check!

電流は，電池の＋極（プラス）から出て，一極（マイナス）にもどる向きに流れる。プロペラつきモーターを回路につなぎ，電池の向きを変えると，回転の向きが逆になる。LED（発光ダイオード）は電流が流れる向きが決まっているため，電池の向きを変えると，点灯しなくなる。

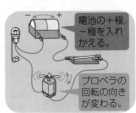

電池の＋極，一極を入れかえる。

プロペラの回転の向きが変わる。

2 電気用図記号 ★★

❶ 回路図…回路は，**回路図**を用いて表す。

❷ 電気用図記号…回路図は，**電気用図記号**を使って表す。

電池 （直流電源）	——┤├— （長いほうが＋極）	電流計 （直流用）	Ⓐ Ⓐ
電球	⊗	電圧計 （直流用）	Ⓥ Ⓥ
スイッチ	—／—	導線 （接続しない）	—┼—
（電気）抵抗	—▭—	導線 （接続する）	—•—
モーター	Ⓜ	LED （発光ダイオード）	一極 ┼⟋ ＋極

▲電気用図記号

得点 UP!
- 電流計，電圧計の接続のしかたを覚えよう。
- 直列回路・並列回路の電流・電圧のきまりを理解しよう。

③ 電流計のつなぎ方 ★★★

電流計では電流の大きさがはかれるよ。

● 電流計の接続…**電流計**は，回路に**直列**につなぐ。

● **直列つなぎ**…電流が１本道を通るような接続のしかたを**直列つなぎ**という。

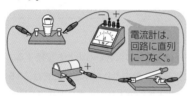

電流計は，回路に直列につなぐ。

丸暗記
電流の流れる道筋が１本になっている回路を直列回路という。

❷ 電流計の−端子のつなぎ方…−端子の値の**大きい**ものから接続する。

はじめに，**5A** の端子に接続し，針のふれが小さいときは，500 mA の端子につなぎかえる。それでもまだ針のふれが小さいときは50 mA の端子につなぎかえる。

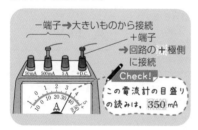

−端子➡大きいものから接続
＋端子➡回路の＋極側に接続

50mA 500mA 5A ＋D.C.

Check!
この電流計の目盛りの読みは，350 mA

テストで注意
Q 左の図の電流計が示す電流の大きさは何Aか。
↓
A 0.35 A

Check!
電流計を電源に**直接**つないだり，回路に**並列**につなぐと，電流計の針が**右端**までふり切れて，こわれてしまうおそれがある。

丸暗記
電流の単位は，A（アンペア）を用いる。1A＝1000mA

④ 電圧計のつなぎ方 ★★★

電圧計では電圧の大きさが
はかれるよ。

❶ 電圧計の接続…電圧計は，回路に**並列**につなぐ。

● **並列つなぎ**…電流が2つ以上の道に分かれ，その後合流するような接続のしかたを**並列つなぎ**という。

電圧計は，
回路に並列
につなぐ。

> **丸暗記**
> 電流の流れる道筋が枝分かれしている回路を並列回路という。

❷ 電圧計の－端子のつなぎ方…－端子の値の**大きい**ものから接続する。

はじめに，**300 V** の端子に接続し，針のふれが小さいときは，15 Vの端子につなぎかえる。それでもまだ針のふれが小さいときは3Vの端子につなぎかえる。

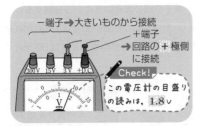

－端子➡大きいものから接続
＋端子
　　➡回路の＋極側
　　　に接続

Check!
この電圧計の目盛りの読みは，1.8 V

> **テストで注意**
> **Q** 左の図の電圧計が示す電圧の大きさは何 V か。
> ↓
> **A** 1.8 V

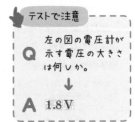

Check!

電圧計をつなぐときは，回路は閉じたままで，回路の外からつなぐようにする。電圧計を回路に直列につなぐと，回路に電流が流れなくなってしまう。

> **丸暗記**
> 電圧の単位は，V(ボルト)を用いる。1 V＝1000 mV

> **テストで注意**
> **Q** 電圧計を接続するとき，電圧の大きさがわからない場合何Vの－端子につなぐか。 →→→ **A** 300 V

⑤ 直列回路の電流・電圧 ★★

直列回路内の電流と電圧には，次のような関係がある。

❶ **電流**…回路に流れる電流の大きさはどの部分でも等しい。

❷ **電圧**…電源の電圧は，それぞれの豆電球や抵抗に加わる電圧の総和に等しい。

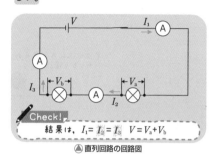

丸暗記

電流の大きさは記号 I で表し，電圧の大きさは記号 V で表す。

Check!
結果は，$I_1 = I_2 = I_3$　$V = V_a + V_b$

▲ 直列回路の回路図

⑥ 並列回路の電流・電圧 ★★

並列回路内の電流と電圧には，次のような関係がある。

❶ **電流**…枝分かれした部分に流れる電流の大きさの和は，枝分かれしていない部分の電流の大きさと等しい。

❷ **電圧**…それぞれの豆電球や抵抗に加わる電圧と電源の電圧はすべて等しい。

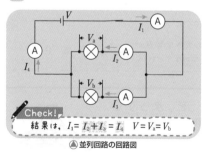

電流は電気の流れで，電圧は電流を流すはたらきの大きさだよ。

Check!
結果は，$I_1 = I_2 + I_3 = I_4$　$V = V_a = V_b$

▲ 並列回路の回路図

Check!
電流は回路の途中で減少したり，なくなったりすることはない。

⑦ 直列・並列つなぎが混ざった回路の電流・電圧 ★★

❶ 電流…直列部分を流れる電流の大きさは等しい。

I_1 と I_4 の大きさは等しく，I_1 が I_2 と I_3 に分かれる。

$$I_1 = I_2 + I_3 = I_4$$

❷ 電圧…電源の電圧 V は，並列部分の電圧 V_c と等しい。V_a と V_b の和は V，V_c と等しくなる。

$$V = V_a + V_b = V_c$$

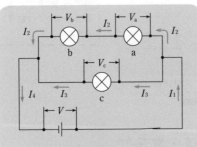

電流の流れ方，電圧の加わり方を確認しよう！

▲ 直列・並列回路の回路図

知っておきたい

並列部分を流れる電流の和が電源を流れる電流の大きさに等しく，直列部分に加わる電圧の和が電源の電圧に等しい。

テストで注意

Q 上の図の回路で，最も大きな電圧が加わるのは豆電球 a～c のうちどれか。 → → → A c

最重要事項
暗記

V 並べ A を まっすぐ
電圧計 並列 電流計 直列

測ります

電圧計は回路に並列に，電流計は回路に直列につなぐ。

☑チェックテスト

□ ❶ 切れ目のない，電流が流れる道筋を何というか。

記述 □ ❷ 右の図のような回路で，電池の＋(プラス)極と－(マイナス)極を入れかえると，①豆電球の明るさ，②モーターの回転はそれぞれどうなるか。

記述 □ ❸ 上の図の回路の豆電球をLED豆電球にかえると明かりがついた。電池の向きをかえるとどうなるか。

□ ❹ 電流は電池の(①　　)極から出て，(②　　)極へ流れると決められている。

□ ❺ 電流が1本道を通るような接続のしかたを何つなぎというか。

□ ❻ 電流計を使うとき，はかろうとする回路に対してどのように接続するか。

□ ❼ 電圧計を使うとき，はかろうとする回路に対してどのように接続するか。

□ ❽ 測定する電流の大きさが予想できないとき，電流計の－端子(たんし)は何Aのものにつなげばよいか。

□ ❾ 直列回路での電流の大きさは，(　　)でも等しい。

□ ❿ 並列(へいれつ)回路では，枝分かれしている電流の大きさの(　　)はもとの電流の大きさに等しい。

□ ⓫ 並列回路で，各抵抗(ていこう)に加わる電圧の大きさは(　　)。

□ ⓬ 直列回路のある地点の電流が3Aのとき，別の地点の電流の大きさはいくらか。

□ ⓭ 直列回路の電源の電圧が5Vのとき，各抵抗の電圧の合計はいくらか。

□ ⓮ 並列回路で枝分かれした電流の合計が3Aのとき，電源を流れる電流の大きさはいくらか。

解答

❶ 回路

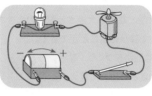

❷ ①変わらない。
②向きが逆になる。

❸ 明かりが消える。

❹ ①＋
②－

❺ 直列つなぎ

❻ 直列(に接続する)

❼ 並列(に接続する)

❽ 5A

❾ どの部分

❿ 和

⓫ 等しい

⓬ 3A

⓭ 5V

⓮ 3A

part 1 電流とその利用
part 2 化学変化と原子・分子
part 3 生物のからだのつくりとはたらき
part 4 天気とその変化

月　日

2. 電流・電圧・抵抗

📎 図解チェック

オームの法則を
覚えよう！🐌

① 電流と電圧の関係 ★★

❶ 電流と電圧の関係…電流の大きさと電圧の大きさは比例する。これは，次のような実験で確かめることができる。

- 右の図のような回路をつくり，電源の電圧の大きさを変えて電流の大きさを測定すると，**電圧が大きいほど大きな電流が流れる。**
- 太さの異なる電熱線につなぎ変えると，同じ大きさの電圧をかけても電流の大きさは異なる。

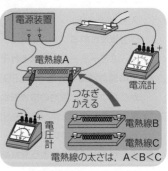

電源装置

電熱線A

電流計

つなぎ
かえる

電圧計

電熱線B
電熱線C

電熱線の太さは，A＜B＜C

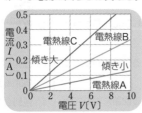

電熱線C　電熱線B

傾き大　　　　　傾き小

電熱線A

電流 I〔A〕　電圧 V〔V〕

Check!

電圧，電流は比例の関係にあるため，グラフは原点を通る直線になる。

---

❷ オームの法則…電流の大きさは，加える電圧に比例する。これを，**オームの法則**という。

❸ 電気抵抗(抵抗)…電流の流れにくさを表す量を**電気抵抗**(または**抵抗**)といい，記号は R で表す。単位は**オーム(Ω)** を用いる。

Check!

抵抗が小さいほど，電流が流れやすい。電熱線の長さが同じとき，太い電熱線の方が細い電熱線より抵抗が小さい。

丸暗記

電圧 V，電流 I，抵抗 R の関係は，

$$電圧 V = 抵抗 R \times 電流 I \qquad I = \frac{V}{R} \qquad R = \frac{V}{I}$$

得点UP! ● オームの法則を使いこなせるようにしよう。
● 合成抵抗の求め方をおさえよう。

② 合成抵抗の値 ★★

❶ 合成抵抗…回路全体の抵抗を1つの抵抗として考えたもの。

❷ 直列回路の合成抵抗…各部の抵抗の和に等しい。

❸ 並列回路の合成抵抗…合成抵抗は各部の抵抗より小さくなる。合成抵抗の逆数は，各部の抵抗の逆数の和に等しい。

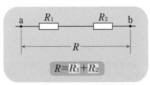

$$R = R_1 + R_2$$

丸暗記

合成抵抗 R は，
$R = R_1 + R_2$
と表される。

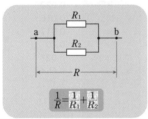

$$\frac{1}{R} = \frac{1}{R_1} + \frac{1}{R_2}$$

丸暗記

合成抵抗 R は
$\frac{1}{R} = \frac{1}{R_1} + \frac{1}{R_2}$
と表される。

✎ Check!

電源の電圧と回路全体を流れる電流の大きさがわかるとき，合成抵抗の値は電圧÷電流でも求められる。

👆 テストで注意

Q 右の図のような回路について，回路全体の抵抗の大きさと回路に流れる電流の大きさを求めよ。

↓

A $R = 20(\Omega) + 30(\Omega) = 50(\Omega)$，
電流 $I = \dfrac{電圧 V}{抵抗 R} = \dfrac{6.0(V)}{50(\Omega)}$
$= 0.12(A)$

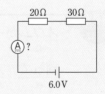

③ 金属線の電気抵抗（てい こう）★★

金属線が長くて細いほど電流は通りづらいんだね。

❶ 金属線の長さと抵抗…抵抗は, 金属線の長さに比例する。

❷ 金属線の太さ（断面積）と抵抗…一定の長さの金属線の抵抗は, 太さ（断面積）に反比例する。

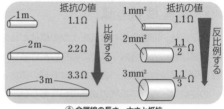

▲ 金属線の長さ・太さと抵抗

④ 導体と不導体★★

❶ 導体…抵抗が小さく, 電流を通しやすい物質を導体という。導線にはふつう抵抗が小さい銅が使われている。抵抗器や電熱線には, 抵抗の大きいニクロムが使われる。

❷ 不導体…ガラスやゴムなどのように抵抗がたいへん大きく, 電流を通しにくい物質を不導体（絶縁体）という。

物質	抵抗〔Ω〕	備考
金	0.022	導体
銀	0.016	
銅	0.017	
鉄	0.10	
アルミニウム	0.027	
タングステン	0.054	
ニクロム	1.1	
ガラス	$10^{15} \sim 10^{17}$	不導体
ゴム	$10^{16} \sim 10^{21}$	

Check!

ケイ素やゲルマニウムなどの物質は半導体といわれ, 導体と不導体の中間の性質をもつ。半導体は発光ダイオードや太陽電池など, さまざまな場所で利用されている。

最重要事項暗記

$$\frac{オウムが}{Ω} = \frac{バイオリンを}{V}$$

$$\frac{割って}{÷} \frac{アッと驚く（おどろ）}{A}$$

抵抗〔Ω〕＝電圧〔V〕÷電流〔A〕

☑チェックテスト

解答

□ ❶ ①電流の流れにくさを表す量を何というか。また、②その単位は何か。

□ ❷ 電圧と電流の間にはどんな関係があるか。

□ ❸ 回路を流れる電流の大きさは、電圧に比例し、抵抗に反比例する。この法則を何というか。

□ ❹ 電圧 V を電流 I と抵抗 R で表せ。

□ ❺ 電流 I を求める式はどのように表されるか。

□ ❻ 抵抗 R を求める式はどのように表されるか。

□ ❼ 図1のように、抵抗40Ωの電熱線aと抵抗30Ωの電熱線bを用いて回路をつくり、スイッチを入れたところ、電流計は30mAを示した。このとき、電圧計は何Vを示すか。

図1

電熱線a 電熱線b

□ ❽ 図2のように、❼の電熱線aと抵抗の大きさがわからない電熱線cを用いて回路をつくり、スイッチを入れたところ、電圧計は1.6Vを、電流計は60mAを示した。このとき、P点を流れる電流は何mAか。

図2

電熱線a
電熱線c P

□ ❾ 6Ωの抵抗と2Ωの抵抗を直列につないだときの合成抵抗の値を求めよ。

□ ❿ 6Ωの抵抗と2Ωの抵抗を並列につないだときの合成抵抗の値を求めよ。

□ ⓫ 金属線の抵抗は線の長さとどのような関係にあるか。

□ ⓬ 金属線の抵抗は断面積とどのような関係にあるか。

□ ⓭ 金属のような電流を通しやすい物質を何というか。

□ ⓮ ガラスのような電流を通しにくい物質を何というか。

□ ⓯ 導体と不導体の中間の性質を示す物質を何というか。

解答欄

❶ ①抵抗　②Ω(オーム)

❷ 比例(の関係)

❸ オームの法則

❹ $V = RI$

❺ $I = \dfrac{V}{R}$

❻ $R = \dfrac{V}{I}$

❼ 2.1 V

❽ 20 mA

❾ 8 Ω

❿ 1.5 Ω

⓫ 比例(の関係)

⓬ 反比例(の関係)

⓭ 導体

⓮ 不導体(絶縁体)

⓯ 半導体

3. 電流と光・熱

📎 図解チェック

① 電　力 ★★

丸暗記

❶ 電力…電流が光や音，熱などを発生させる能力を電気エネルギーという。1秒あたりに消費する電気エネルギーの量を電力という。

❷ 電力の表し方…電力 P は電圧 V×電流 I で表される。電力の単位はワット（記号 W）を用いる。

✏ Check!

$$電力 P(W)＝電圧 V(V)×電流 I(A)＝RI^2＝\frac{V^2}{R}$$

❸ 電力と電流・抵抗…100 V－40 W の電球を 100 V の電源につなぐと，

● 電流は，$P＝V×I→I＝\dfrac{P}{V}$ より，$I＝\dfrac{40(W)}{100(V)}＝0.4(A)$

● 電球内のフィラメントの抵抗値は，オームの法則 $V＝RI$

$→R＝\dfrac{V}{I}$ より，$R＝\dfrac{100(V)}{0.4(A)}＝250(Ω)$

② 電流による発熱 ★★

❶ 熱…下の図のように電熱線に電流を流して水の中に入れると，電熱線が熱を発生させるため，水温が上がる。

❷ ジュールの法則…発熱量 Q は，電力 P×時間(s) で求めることができる。発熱量の単位はジュール（記号 J）を用いる。1 W の電力で 1 秒間電流を流したときに発生する熱量を 1 J とする。

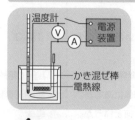

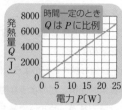

時間一定のとき Q は P に比例

電力 P(W)

電力と発熱量は比例しているね。

✏ Check!

$$発熱量 Q(J)＝電力 P(W)×時間 t(s)。$$

得点 **UP!**
● 電力を求められるようにしておこう。
● 電力と発熱量・電力量の関係をおさえよう。

③ 電気器具と電力 ★★

❶ **電気器具と電力**…電力が大きくなるほど, 電気器具が一定時間に発生する熱や光, 力などの量が大きい。電気器具には, 消費電力というその器具が消費する電力の値が表示されている。

❷ **電球の明るさと電力**…実際に消費した電力によって, 電球の明るさは決まる。下の図のように, 表示されている消費電力が同じ電球でも, つなぎ方により実際に消費する電力は異なるため, 明るさが異なる。

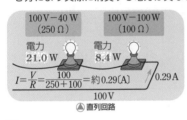

▲ 直列回路

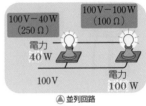

▲ 並列回路

④ 電力量 ★★

ある時間内で消費した電力の量を, 電力量または消費電力量という。

❶ **電力量**…電力量は, 電力と時間に比例する。

❷ **電力量の表し方**…単位はジュール（記号 **J**）を用いる。**1W** の電力で1秒間電流を流したときの電力量は **1J** である。

▲ 電力量計（電気メーター）

丸暗記

> 電力量の単位には, ワット時（Wh）やキロワット時（kWh）も使われる。1Wの電力を1時間使ったときの電力量を1Wh, その1000倍が1kWhより, 1kWh = 1000Wh = 3600000J

❸ **電力量計（電気メーター）**…家庭で使った電力量は, 電力量計ではかられる。内部の円板の回転数で, 使用電力量が **kWh** で示されている。

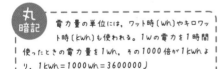

Check!
電力量 W(J) ＝ 電力 P(W) × 時間 t(S)

発熱量と電力量は
同じ単位を用いるんだ。

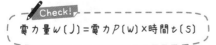

右側縦タブ:
part 1 電流とその利用
part 2 化学変化と原子・分子
part 3 生物のからだのつくりとはたらき
part 4 天気とその変化

3 | 電流と光・熱 | 15

> 食品に表示されているカロリーは、体内で発生する熱量を表しているよ。

⑤ 熱量 ★★

❶ **カロリー(cal)**…純粋な水1gの温度を1℃上げるのに必要な熱量を1cal(カロリー)という。水に与えられた熱量は、次の式で求められる。

熱量(cal)＝水の質量(g) ×水の温度変化(℃)

❷ **ジュールとカロリー**…1cal＝約4.2J、1J＝約0.24calである。

❸ **水の温度上昇と熱量**…下の図のように、50g、100g、150gの水をそれぞれビーカーに入れて加熱し、加熱時間と温度上昇の変化を調べると、下のグラフのようになった。

温度計はスタンドにつるしておく

温度変化

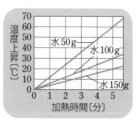

上のグラフより、それぞれの水が5分間に得た熱量を求めると次のようになる。

●水50g…50(g)×60(℃)＝3000(cal)

> 水の質量が違っても受けとる熱量は等しいね。

●水100g…100(g)×30(℃)＝3000(cal)

●水150g…150(g)×20(℃)＝3000(cal)

水の温度上昇は時間に比例し、同じ時間では質量に反比例する。

 テストで注意

Q 3000cal は、約何Jか。 →→→ **A** 約12600J

最重要事項 暗記

電力は 時間をかけると

電力P(W) 時間(s) ×

ジュースになる

J(発熱量,電力量)

発熱量・電力量(J)は、電力と時間の積で求める。

ジュースだああ

☑ チェックテスト

解答

□ ❶ 1秒あたりに消費された電気エネルギーの量を何というか。また、その単位を答えよ。
❶ 電力, ワット(W)

□ ❷ 電力Pを電圧Vと電流Iを用いて表せ。
❷ $P=VI$

□ ❸ 電流による発熱量は、電力ともう1つ、何に比例するか。
❸ 時間

□ ❹ ある電熱線に3Vの電圧を加えると、0.5Aの電流が流れた。電熱線の電力は何Wか。
❹ 1.5 W

□ ❺ ❹の電熱線に5分間電流を流したとき、発生する熱量は何Jか。
❺ 450 J

□ ❻ 表示電力が大きい電球ほどその抵抗の値は大きいか、小さいか。
❻ 小さい

□ ❼ 100V－100Wの表示がある電気器具に100Vの電圧を加えた。流れる電流は何Aか。
❼ 1 A

□ ❽ ❼の電気器具の抵抗は何Ωか。
❽ 100 Ω

□ ❾ 100V－40Wの電球㋐と100V－60Wの電球㋑を直列につないだとき、実際に消費した電力が大きくなるのは㋐と㋑のどちらか。
❾ ㋐

□ ❿ ある時間内で消費した電力の量を表すものを何というか。
❿ 電力量

□ ⓫ 電力量を求めるためには、電力に何をかけると得られるか。
⓫ 時間

□ ⓬ 100V－900Wの表示がある電気器具を3時間使用した。このときの電力量は何Jか。
⓬ 9720000 J

□ ⓭ ⓬のときの電力量は何kWhか。
⓭ 2.7 kWh

□ ⓮ 純粋な水1gの温度を1℃上げるのに必要な熱量は何calか。
⓮ 1 cal

□ ⓯ 1Jは約何calか。
⓯ 0.24 cal

□ ⓰ 水100gが10℃上昇したときに得た熱量は何calか。
⓰ 1000 cal

□ ⓱ ⓰のときの熱量は約何Jか。
⓱ 4200 J

月 日

4. 静電気と電子 ①

📎 図解チェック

1 静電気の発生 ★★

ティッシュペーパーとストローを互いに摩擦すると，それぞれに異なった電気をもつようになる。

丸暗記 摩擦によって生じる電気を静電気といい，＋と－の電気の2種類がある。

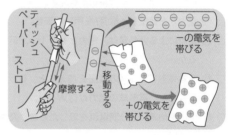

－の電気を帯びる

移動する

＋の電気を帯びる

知っておきたい 摩擦すると，－の電気が移動し，摩擦したそれぞれの物体は＋の電気と－の電気をもつようになる。

2 静電気の性質 ★★

同じ極どうしは反発し，違う極どうしが引き合うのは磁石と同じだね。

❶ 帯電…物体に電気がたまることを**帯電**するという。異なる種類の物体どうしを摩擦すると帯電しやすい。

❷ 静電気による力…静電気を帯びた物体間には**しりぞけ合う力**や**引き合う力**がはたらく。

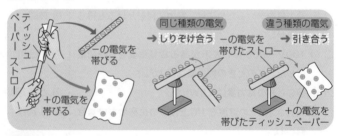

－の電気を帯びる

＋の電気を帯びる

同じ種類の電気 → しりぞけ合う

違う種類の電気 → 引き合う

－の電気を帯びたストロー

＋の電気を帯びたティッシュペーパー

丸暗記 同種の電気（＋と＋，－と－）はしりぞけ合い，異種の電気（＋と－）は引き合う。この静電気による力を**電気の力**という。

③ 静電気の利用 ★

静電気のしりぞけ合ったり，引き合う性質は，さまざまなところで利用されている。

❶ コピー機…静電気を帯びた感光体ドラムに，コピーをする画像を描（えが）くように光をあてると，光があたった部分の静電気がなくなり，それ以外の部分のみに静電気がある状態になる。この静電気と，同じ極の静電気を帯びた粒状（つぶじょう）のインク（トナー）はしりぞけ合うため，静電気がない部分のみにトナーが付着する。付着したトナーを紙に転写させると，コピーをすることができる。その後熱を加えて紙にトナーを定着させている。

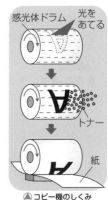

▲コピー機のしくみ

❷ 空気清浄（せいじょう）器…静電気を発生させて，ちりやほこりに＋の電気を帯電させる。空気清浄器のフィルターは−の電気が帯電しているため，ちりやほこりを引きよせることができる。

④ 放 電 ★

丸暗記
❶ 放電…たまっていた−の電気が流れ出す現象や空間を電気が移動する現象を放電という。

❷ 放電の例…ティッシュペーパーでこすった塩化ビニルパイプに蛍光灯（けいこうとう）をふれさせると，一瞬（いっしゅん）蛍光灯がかすかに光る。これは，塩化ビニルパイプの表面から−の電気が移動して蛍光灯に流れたためである。

塩化ビニルパイプ
蛍光灯が一瞬かすかに光る。
蛍光灯

テストで注意

Q 雲にたまった静電気が放電されて起こる現象を何というか。 →→→ A 雷（かみなり）

⑤ 真空放電 ★★

❶ 放電管…ガラスなどでできた容器内に 2 つ以上の電極を入れ，内部の気体の圧力を小さくしたもの。

❷ 真空放電…放電管の中の電極どうしは導線などでつながっていないが，電圧を加えると内部の気体に電流が流れる。この現象を真空放電という。放電管内の空気を抜いていくと，写真の A → D の順に真空放電が起こる。

✎ Check!

真空放電は，管内の気圧が低いほど，低い電圧でも起こりやすくなる。

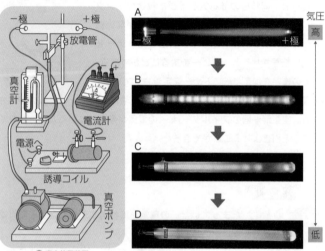

▲ 真空放電装置

☑ チェックテスト

解答

□ ❶ 摩擦によって生じる電気を何というか。

❶ 静電気

□ ❷ 静電気には，同じ種類の電気をもつ物体どうしは（①　　），違う種類の電気をもつ物体どうしは（②　　）力がはたらく性質がある。

❷ ①しりぞけ合い
②引き合う

□ ❸ ❷による力を何というか。

❸ 電気の力

□ ❹ 物体に電気がたまることを何というか。

❹ 帯電

□ ❺ 静電気を利用したものを次から1つ選び，記号で答えよ。

⑦ テレビ　　　⑦ カメラ

⑦ コピー機　　⑦ 洗濯機

❺ ウ

□ ❻ たまっていた－の電気が流れ出したり，空間を電気が移動する現象を何というか。

❻ 放電

□ ❼ 雷が発生するとき，雲の上層に＋の電気がたまっている。下層にはどのような電気がたまっていると考えられるか。

❼ －の電気

□ ❽ ナイロンの布でこすったフォームポリスチレン球Aとポリエチレンの袋でこすったフォームポリスチレン球Bを，右の図のように，電気を通さない糸で木製の棒につるしたところ，AとBは引き合った。帯電するときに球Aをこすった後のナイロンの布は，＋の電気を帯びていた。よって図では，球Aは（①　　）の電気を帯び，球Bは（②　　）の電気を帯びていることがわかる。

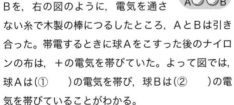

木製の棒

A　B

❽ ①－
②＋

□ ❾ 高電圧を加えた放電管内の空気を抜いていくと放電が起こる。この現象を（①　　）放電という。この現象は管内の気圧が（②　　）ほど，低い電圧でも起こりやすい。

❾ ①真空
②低い

5. 静電気と電子 ②

📎 図解チェック

① 陰極線(電子線)の性質 ★★★

❶ 陰極線(電子線)…真空放電で見られる、放電管内を流れる光る筋を**陰極線(電子線)**という。

丸暗記 ❷ 陰極線には、次のような性質がある。

● 直進する。

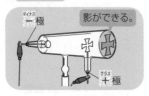

影ができる。

マイナス
一極

プラス
十極

● 蛍光物質にあたると光る。

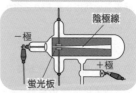

陰極線

一極

十極

蛍光板

● 電極板の十極側に曲がる。

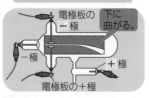

電極板の
一極

下に
曲がる。

十極

電極板の十極

● 磁石を近づけると曲がる。

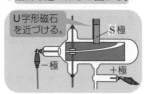

U字形磁石
を近づける。

S極

一極

十極

丸暗記 陰極線の正体は、一の電気をもつ**電子**の流れである。

 知って
おきたい

陰極線の実験は、ガラス管の中の空気を真空放電の
ときよりもさらに抜いた**クルックス管**を用いる。

② 電子の流れの道筋 ★★

❶ 電子の流れ…電子は一極から十極に向かって流れている。

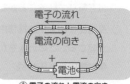

電子の流れ

電流の向き

電池

⚫ 電子の流れと電流の向き

part
1
電流とその利用

part
2
化学変化と原子・分子

part
3
電流の発生とはたらき

part
4
天気とその変化

得点UP!
● 陰極線の性質を知っておこう。
● 電子の流れを理解しよう。

❷ 電流と電子…電子の流れが電流である。しかし，電子が発見される前に電流が＋極（プラス）から－極（マイナス）へ流れると決められたため，電子と電流の流れる向きは逆方向である。

Check!
電流の流れる向きは＋極→－極で，電子の流れる向きは－極→＋極と，逆になっている。

③ 電流・電子の流れる向き ★★

電流と電子の向きに注意しようね。

導線は銅などの金属でできている。金属は，原子が規則正しく並び，それぞれの原子が電子をもっている。導線に電圧を加えたときの導線の中の電子の移動と電流は右の図のようになる。

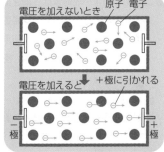
電圧を加えないとき　原子　電子
電圧を加えると　＋極に引かれる
－極　＋極

❶ 電圧を加えないとき…電子は，金属原子の間を自由な向きに動き回っている。

❷ 電圧を加えているとき…電子は＋極に引かれて，－極から＋極に向かって，全体として移動する。このようにして，導線の中を電流が流れる。

知っておきたい
回路に電流が流れるのは，電子が電源の－極から流れ出て，導線の中を通って，電源の＋極に流れこむためである。

テストで注意

Q 電子のもつ電気は，＋と－のどちらか。　→→→ A

④ 放射線 ★★

❶ **放射線**…放射線とは，放射性物質から放出される粒子や電磁波である。

❷ 放射線の種類…放射線には主に次のようなものがある。

● α線…高速のヘリウム原子核

● β線…高速の電子

● γ線，X線…電磁波(光の一種)

● 中性子線…電気をもたない中性子の流れ

丸暗記 物質が放射線を出す能力を**放射能**という。

❸ 放射線の性質…放射線には物体を通り抜ける**透過性**や，原子の構造を変えるなどの性質がある。**透過性は種類によって異なり，α線＜β線＜γ線，X線の順に強くなる。**

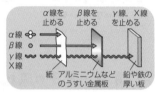

α線を止める／β線を止める／γ線，X線を止める

α線 ／ β線 ／ γ線 X線

紙 ／ アルミニウムなどのうすい金属板 ／ 鉛や鉄の厚い板

❹ 放射線の利用…放射線はさまざまな場面で利用されている。

● 透過性の利用…レントゲン撮影，非破壊検査，手荷物検査など

● 原子の構造を変えることの利用…品種改良，材料加工など

● その他…がんの放射線治療，医療器具の滅菌，害虫駆除など

✏ Check!

放射線は広く利用されている一方，大量に浴びると危険である。放射線を受けたときの人体への影響は，シーベルトという単位で表す。

👆 テストで注意

Q レントゲン撮影ではどのような放射線が使われているか。 →→→ A X線

最重要事項 暗記 **電流**と **電子**は互いに

逆へ行き
逆向きに流れる

電流は+極から−極へ，電子は−極から+極へ流れる。

☑ チェックテスト

解答

□ ❶ 真空放電で見られる，放電管内を流れる光る筋を何というか。

❶ 陰極線（電子線）

□ ❷ ❶の観察のために用いる，ガラス管内の中の空気をさらに抜いた放電管を何というか。

❷ クルックス管

□ ❸ ❶の性質には，（① ）する，（② ）にあたると光る，（③ ）の電気をもつ，（④ ）によって曲がる，などがある。

❸ ①直進
②蛍光板
③−
④磁石

□ ❹ 放電管でKを−極，Pを＋極にして，数万Vの電圧を加えると，直進する陰極線が見られた。次に，電極Aを−極，電極Bを＋極にして電圧を加えたら，スリットを通って直進していた陰極線は，図の上と下のどちらに曲がるか。

❹ 下

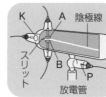

K A 陰極線
スリット
B P
放電管

記述 □ ❺ ❹の実験結果から，陰極線にはどのような性質があることがわかるか。

❺ −の電気をもつ性質。

□ ❻ 陰極線の正体は，（ ）の流れである。

❻ 電子

□ ❼ 導線に電圧を加えると，導線内の電子は＋極と−極のどちらに引かれるか。

❼ ＋極

□ ❽ 電流は（① ）極から（② ）極へ流れる。

❽ ①＋ ②−

□ ❾ 電子は（① ）極から（② ）極へ流れる。

❾ ①− ②＋

□ ❿ 放射線を出す物質を何というか。

❿ 放射性物質

□ ⓫ 次の放射線の種類⑦〜⑦を，透過性が強い順に並べよ。
⑦ α線　⑦ β線　⑦ γ線

⓫ ⑦，⑦，⑦

□ ⓬ 物質が放射線を出す能力を何というか。

⓬ 放射能

□ ⓭ 放射線が人体に与える影響を表すときの，放射線量の単位を何というか。

⓭ シーベルト（Sv）

□ ⓮ 放射線が利用されている例を2つあげよ。

⓮ （例）レントゲン撮影，放射線治療など

6. 電流と磁界

📎 図解チェック

① 磁石のつくる磁界 ★★★

❶ 磁界…磁石や電磁石の力を**磁力**といい，磁力がはたらく空間を**磁界**という。

❷ 磁界のようす…磁石のまわりには，下の図のような磁界ができる。

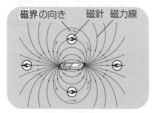

磁界の向き　磁針　磁力線

テストで注意

Q 磁界の向きに沿って描いた曲線を何というか。

↓

A 磁力線

Check!
磁力線の間隔が狭い（密な）ほど，磁界が強くなる。

知っておきたい
磁界の向きは，磁界内に置かれた磁針のN極が指す向きである。

② 直線状の導線に流れる電流がつくる磁界 ★★

電流の流れる向きに対して，磁界の向きは右回りになる。これを，ねじを右に回すと前に進むことになぞらえて**右ねじの法則**という。

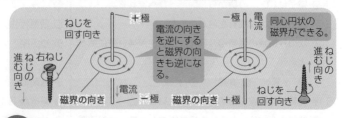

ねじを回す向き　＋極　電流の向きを逆にすると磁界の向きも逆になる。　一極　電流　同心円状の磁界ができる。

進む向き　右ねじ　ねじの進む向き

磁界の向き　電流　一極　磁界の向き　＋極　ねじを回す向き

丸暗記
●右ねじの進む向き→電流の流れる向き
●右ねじを回す向き→電流によって生じる**磁界**の向き

得点 UP!
● 磁石や電流がつくる磁界の向きをおさえよう。
● モーターのしくみを確かめよう。

part 1 電流とその利用
part 2 化学変化と原子・分子
part 3 生物のからだのつくりとはたらき
part 4 天気とその変化

③ コイルのつくる磁界 ★★

コイルに電流を流すと，下の図のような磁界ができる。

内側の磁界はほとんど平行。
S極
N極
外側の磁界は棒磁石の磁界と同じ。
電流の向き

丸暗記　右手の4本の指を電流の向きに合わせると，親指の方向がコイルの内側の磁界の向き(N極の向き)になる。

N　S
右手
磁界
電流の向き

知っておきたい　電流を大きくする，コイルの巻き数を多くする，コイルの中に鉄心を入れるとコイルのつくる磁界は強くなる。

④ 磁界から電流が受ける力 ★★

電流による磁界と磁石による磁界の向きが同じだと強め合っているよ。

磁界の中を通る電流は力を受ける。これは，電流がつくる磁界とまわりの磁界とで強め合う場所，弱め合う場所ができるためである。導線は，磁石がつくる磁界と電流がつくる磁界が強め合う方から弱め合う方へ力を受ける。

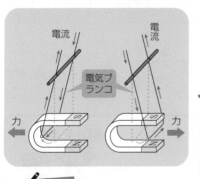

電流
電流
電気ブランコ
力
力

S
磁石がつくる磁界
電流
力
電流がつくる磁界
N

テストで注意

Q　上の図で，磁石の上下を入れかえると導線が受ける力の向きはどうなるか。
↓
A　(例)反対(逆)向きになる。

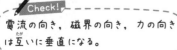
Check!
電流の向き，磁界の向き，力の向きは互いに垂直になる。

⑤ モーター（電動機）のしくみ ★★

　回転できるコイルに磁界中で電流を流すと，コイルの右側と左側の部分に流れる電流の向きが磁界に対して**反対向き**になっているので，磁界からそれぞれ**反対向きの力**を受け，回転が始まる。コイルが90°回転すると，**整流子**と**ブラシ**によって，コイルに流れる電流の向きが反対になる。そのため，回転し続けることができる。これがモーターのしくみである。

● 整流子…半回転ごとにコイルに流れる電流の向きを変える。
● ブラシ…電流をコイルに送る。

　<u>モーターは，コイルが半回転するごとに電流の向きを逆にしている。</u>

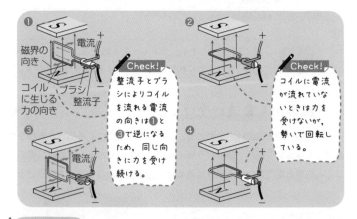

テストで注意

Q 右の図で，コイルは⑦，④のどちらに回るか。

⇒⇒⇒ **A** ④

最重要事項 暗記

右手出し　親指立てて
右手を握る

駅示す
N極

右手の4本指を電流の向きに合わせると，親指の向きがN極（磁界の向き）になる。

part
1
🔋 電流とその利用

part
2
🧪 化学変化と原子・分子

part
3
🏃 生命のからだのつくりとはたらき

part
4
❄️ 天気とその変化

☑ チェックテスト

解答

□ ❶ 磁石のまわりの磁力がはたらく空間を何というか。

❶ 磁界

□ ❷ ❶のようすを表した曲線を何というか。

❷ 磁力線

□ ❸ ❶の向きは，方位磁針のN極とS極，どちらの向きで示すか。

❸ N極

□ ❹ 磁界が強く磁力が大きいほど❷の間隔が（　）い。

❹ 狭

□ ❺ 直線状の導線を流れる電流のつくる磁界は，導線を中心にどんな形になっているか。

❺ 同心円状

□ ❻ 右ねじの進む向きを（① 　）の向きに合わせると，右ねじを回す向きが（② 　）の向きになる。

❻ ①電流
②磁界

□ ❼ コイルのつくる磁界を強くするには，電流を（① 　）する，コイルの（② 　）を多くするなどがある。

❼ ①大きく
②巻き数

□ ❽ コイルのつくる磁界の向きは，右手の4本の指を電流の向きに合わせると，（　）の向きがN極になる。

❽ 親指

□ ❾ 右の図のような装置をつくった。このとき，コイルは㋐と㋑のどちらの方向に動くか。

❾ ㋐

□ ❿ ❾の装置の，U字型磁石の上下を入れかえたとき，コイルは㋐と㋑のどちらの方向に動くか。

❿ ㋑

□ ⓫ 右の図の装置で，スイッチを入れると，Pでの磁針のN極がさす向きはdの向きになった。このとき，Pでの磁界の向きは図のa～dのうちのどれか。

⓫ d

□ ⓬ ⓫の装置において，コイルに流れている電流は㋐，㋑のどちら向きに流れているか。

⓬ ㋑

□ ⓭ ⓫の装置において，電流の向きを入れかえると，Pでの磁界の向きは図のa～dのうちのどれになるか。

⓭ b

7. 電磁誘導

📎 図解チェック

1 誘導電流の発生 ★★★

丸暗記 コイルの中に棒磁石を出し入れし、コイルの中の磁界を変化させると電圧が生じ、コイルを含む回路に電流が流れる。このような現象を電磁誘導という。このとき流れる電流を誘導電流という。

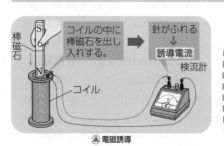

▲ 電磁誘導

Check!
検流計は微小電流を調べる電流計のこと。検流計に＋端子から電流が入ると針は右に、－端子から電流が入ると針は左にふれる。

知っておきたい 磁界が激しく変化するほど、流れる誘導電流は大きくなる。

2 磁界の変化と誘導電流の向き ★★

誘導電流の向きは、磁石の極の種類や、磁石の動く向きによって変化する。

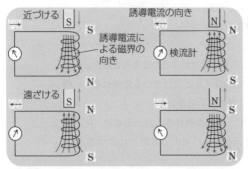

丸暗記 誘導電流は、コイル内の磁界の変化を妨げるような向きに磁界が発生することで流れる。

磁石が近づくときと遠ざかるときでコイルに生じる磁界の向きが異なっているね。

part 1 電流とその利用
part 2 化学変化と原子・分子
part 3 生物のからだのつくりとはたらき
part 4 天気とその変化

③ 誘導電流の大きさ ★★

丸暗記 コイルの外から加える磁界の変化が大きいほど，コイルに生じる誘導電流が大きくなる。

✎ Check!

誘導電流を大きくする方法は，

① 磁力の強い磁石を使用する

② 磁石を速く動かす

③ コイルの巻き数を多くする，などがある。

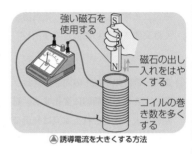

▲ 誘導電流を大きくする方法

火力発電や水力発電はこのしくみを利用しているよ。

④ 発電機 ★★

磁界の中でコイルを回転させると，誘導電流が生じる。これは，コイルの枠の中を通る磁力線の数が変わる（磁界の強さが変わる）からである。発電機はこのしくみを利用している。

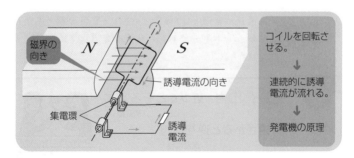

丸暗記 磁界の中でコイルを回転させると，誘導電流が生じる。

⑤ 直流と交流 ★★

電流には**直流**と**交流**の2種類がある。

❶ **直流**…電流の＋と－の向きが変わらず, 電流の大きさが一定で変化しない。

　乾電池などの電池から流れる電流は直流である。また, 家庭用のコンセントから流れる電流は交流だが, 電気器具の多くは交流を直流に変換して使用している。

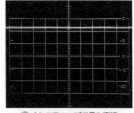

▲オシロスコープで見た直流
（乾電池の電流）

❷ **交流**…電流の＋と－の向きが変わり, 電流の大きさが周期的に変化する。磁石の回転により発電された電流は交流である。交流は長距離を送電できるため, 発電所から家庭に送られる電流は交流である。

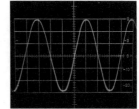

▲オシロスコープで見た交流
（家庭用電源の電流）

丸暗記

交流の場合, 電流の向きが1秒間に変化する回数を周波数という。単位には, 音の振動数と同じ**ヘルツ**(Hz)を用いる。

知っておきたい

直流の電源としては電池があり, 電気分解や直流用モーターに利用される。交流の電源には家庭用電源がある。

最重要事項
暗記

コイル内 近づくとそろえて
同じ極

遠ざかると逆を出す
反対の極

近づく
コイル内じゃんけん
遠づく

誘導電流は, コイルに磁石が近づくと磁石側の極が同じになるように流れ, 遠ざかると磁石側の極が反対になるように流れる。

☑チェックテスト

解答

記述 □ ❶ コイルに磁石を近づけると，コイルを含む回路にはどんな現象が起こるか。

□ ❷ ❶の現象を何というか。

□ ❸ ❶で生じた電流を何というか。

□ ❹ コイルの中に磁石を出し入れすると，磁石の動く（①　　）の変化によって，（②　　）の向きも変わる。

□ ❺ コイルの中で磁石を動かすのを止めると，誘導電流はどうなるか。

□ ❻ あるコイルにN極を近づけると，右向きに誘導電流が流れた。その後，N極を遠ざけると右，左のどちら向きに電流が流れるか。

□ ❼ ❻のコイルにS極を近づけると，右，左のどちら向きに電流が流れるか。

□ ❽ コイルの巻き数を多くすると，誘導電流はどうなるか。

□ ❾ コイルの中で磁石をはやく動かすと，誘導電流はどうなるか。

□ ❿ 右の図のようにコイルに磁石のN極を近づけたとき，誘導電流が生じて矢印の向きに電流が流れた。次にS極をコイルに近づけると，流れる電流の向きはどうなるか。

電流

N

記述 □ ⓫ ❿の実験において，図の向きと同じ向きに電流を流すには，N極をコイルに近づける以外にどのような方法があるか。

記述 □ ⓬ ❿の実験において，磁石，コイルは変えずに，コイルに流れる電流を大きくしたいときは，コイルに近づけた磁石の動きをどうすればよいか。

❶ 電流が生じる。

❷ 電磁誘導

❸ 誘導電流

❹ ①向き ②誘導電流

❺ 流れない。

❻ 左

❼ 左

❽ 大きくなる。

❾ 大きくなる。

❿ 反対向きになる。

⓫ S極をコイルから遠ざける。

⓬ 磁石をはやく動かす。

part 1 電流とその利用

part 2 化学変化と原子・分子

part 3 生物のからだのつくりとはたらき

part 4 天気とその変化

📝 まとめテスト

月　　日

解答

□ ❶ 電流は（①　　　）極から（②　　　）極へ流れる。

❶ ①＋^{プラス} ②－^{マイナス}

□ ❷ 電流計と電圧計のうち，回路に対して直列につなぐのはどちらか。

❷ 電流計

□ ❸ 次の記号は何を表しているか。

❸ ①電球
　②電流計
　③電圧計
　④(電気)抵抗

□ ❹ 直列回路では，回路のどこでも電流の大きさは（①　　　）である。また，直列回路の電源の電圧は各部分の電圧の（②　　　）に等しい。

❹ ①同じ
　②和

□ ❺ 並列回路では，分岐後の電流の和は分岐前の電流に（①　　　）。また，並列回路の各部分の電圧は（②　　　）。

❺ ①等しい
　②等しい

□ ❻ 電流と電圧の間には，①どんな関係があるか。また，②その関係を何の法則というか。

❻ ①比例
　②オームの法則

□ ❼ 電圧（横軸）と電流（縦軸）の関係をグラフに表したとき，抵抗の値が大きくなるほど，グラフの傾きはどうなるか。

❼ 小さくなる。

□ ❽ ある電熱線に10Vの電圧を加えると，0.2Aの電流が流れた。この電熱線の抵抗は何Ωか。

❽ 50Ω

□ ❾ 20Ωの電熱線に5Vの電圧を加えた。このとき流れる電流は何Aか。

❾ 0.25A

□ ❿ 電源の電圧を調整して，60Ωの電熱線に0.4Aの電流が流れるようにした。電源の電圧は何Vか。

❿ 24V

□ ⓫ 金属線の抵抗の値は，①長さとどんな関係があるか。また，②太さとどんな関係があるか。

⓫ ①比例
　②反比例

□ ⓬ 6Ωの電熱線と10Ωの電熱線を直列につないだ。このときの合成抵抗の大きさは何Ωか。

⓬ 16Ω

□ ⓭ ⓬の電熱線を並列につないだとき，合成抵抗は何Ωになるか。

⓭ 3.75Ω

□ ⓮ 電流をほとんど通さない物質を何というか。

⓮ 不導体(絶縁体)

part
1
電流と
その利用

part
2
化学変化と
原子・分子

part
3
生物のからだの
つくりとはたらき

part
4
天気と
その変化

☐ ⑮ 導体と⑭の中間の性質をもつ物質を何というか。 | ⑮ 半導体

☐ ⑯ 電熱線に5Vの電圧を加えると，1.5Aの電流が流れた。この電熱線の電力は何Wか。 | ⑯ 7.5 W

☐ ⑰ ⑯の電熱線を4分間使用したとき，発生する熱量は何Jか。 | ⑰ 1800 J

☐ ⑱ 100V－700Wの電気器具に100Vの電圧を加えたとき，流れる電流は何Aか。 | ⑱ 7 A

☐ ⑲ ⑱の電気器具を2時間使用したときの電力量は，何kWhか。 | ⑲ 1.4 kWh

☐ ⑳ 物体が摩擦されると電気を帯びる。(①)の電気を帯びた物体と－の電気を帯びた物体は引き合い，(②)の電気を帯びた物体と－の電気を帯びた物体はしりぞけ合う。 | ⑳ ①＋ ②－

☐ ㉑ 電子は回路の中を(①)極から(②)極に流れる。 | ㉑ ①－ ②＋

☐ ㉒ 電流は回路の中を(①)極から(②)極に流れる。 | ㉒ ①＋ ②－

☐ ㉓ α線，β線，γ線のうち，物質を透過する力がいちばん強い放射線はどれか。 | ㉓ γ線

☐ ㉔ 磁界は(①)極から(②)極に向かう。 | ㉔ ①N ②S

記述 ☐ ㉕ コイルのつくる磁界を強くする方法には，電流を大きくする，コイルの中に鉄心を入れる，以外に何があるか。 | ㉕ コイルの巻き数をふやす。

☐ ㉖ コイルの中の磁界を変化させると，何という現象が起こるか。 | ㉖ 電磁誘導

☐ ㉗ ㉖のときに生じる電流を何というか。 | ㉗ 誘導電流

記述 ☐ ㉘ ㉗の電流を大きくするには，コイルに磁石をどのように出し入れすればよいか。 | ㉘ すばやく出し入れする。

☐ ㉙ 直流モーターが回り続けるために，コイルを流れる電流の向きはコイルが( )回転するごとに変わっている。 | ㉙ 半

☐ ㉚ 交流の場合，電流の向きが1秒間に変化する回数を何というか。 | ㉚ 周波数

8. 物質の分解

図解チェック

① 熱による分解 ★★★

❶ 分解…1種類の物質が2種類以上の物質に分かれる化学変化を**分解**という。分解前の物質と分解後の物質は別のものである。

❷ 熱分解…加熱することで起こる分解をとくに**熱分解**という。熱分解には，次のような反応がある。

● 炭酸水素ナトリウム $\xrightarrow{\text{熱}}$ 炭酸ナトリウム＋水＋二酸化炭素

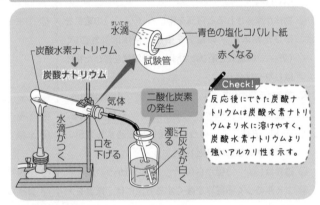

水滴(すいてき)

青色の塩化コバルト紙
→赤くなる

炭酸水素ナトリウム
炭酸ナトリウム

試験管

気体

水滴がつく

口を下げる

二酸化炭素の発生

石灰水が白く濁る

Check!
反応後にできた炭酸ナトリウムは炭酸水素ナトリウムより水に溶けやすく，炭酸水素ナトリウムより強いアルカリ性を示す。

● 酸化銀 $\xrightarrow{\text{熱}}$ 銀＋酸素

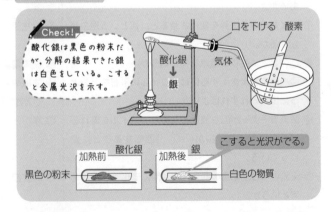

Check!
酸化銀は黒色の粉末だが，分解の結果できた銀は白色をしている。こすると金属光沢を示す。

口を下げる　酸素

酸化銀
↓
銀

気体

こすると光沢がでる。

加熱前　酸化銀　　加熱後　銀
黒色の粉末　→　白色の物質

part
1
電流とその利用

part
2
化学変化と原子・分子

part
3
生物のからだのつくりとはたらき

part
4
天気とその変化

② 過酸化水素水の分解 ★

$$過酸化水素水 \xrightarrow[\text{二酸化マンガン}]{(触媒)} 酸素 + 水$$

過酸化水素水は分解して酸素と水になる。二酸化マンガンは変化せず, 反応を進めるはたらきをしている。

過酸化水素水（オキシドール）
二酸化マンガン
酸素
水

丸暗記

二酸化マンガンのように, 反応を進めるはたらきをするが, 自分自身は変化しないものを**触媒**という。

③ 水の電気分解 ★★★

$$水 \xrightarrow{電気分解} 水素 + 酸素$$

電流を流すことによる分解を電気分解というよ。

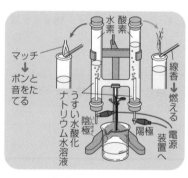

マッチ → ポンと音をたてる

水素
酸素

線香 → 燃える

うすい水酸化ナトリウム水溶液
陰極
陽極
電源装置へ

テストで注意

Q 水の電気分解を行うとき, 水に水酸化ナトリウムを加えるのはなぜか。
↓
A （例）水に電気を通しやすくするため。

 知っておきたい　水の電気分解で, 発生する水素と酸素の体積の割合は 2：1 である。

✎ **Check!**　水の電気分解の逆の反応により発電するものを燃料電池という。

④ 塩化銅水溶液の電気分解 ★★

塩化銅 $\xrightarrow{電気分解}$ 銅＋塩素

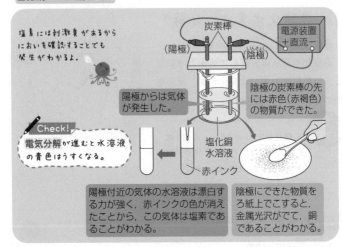

塩素には刺激臭があるから
においを確認することでも
発生がわかるよ。

炭素棒
（陽極）　（陰極）

電源装置
＋直流－

陽極からは気体が発生した。

陰極の炭素棒の先には赤色（赤褐色）の物質ができた。

Check!
電気分解が進むと水溶液の青色はうすくなる。

塩化銅水溶液

赤インク

陽極付近の気体の水溶液は漂白する力が強く，赤インクの色が消えたことから，この気体は塩素であることがわかる。

陰極にできた物質をろ紙上でこすると，金属光沢がでて，銅であることがわかる。

知って
おきたい
電気を通す水溶液は電気分解によって，物質を分解することができる。

Check!
電源の＋極につなぐ電極を陽極，－極につなぐ電極を陰極という。

最重要事項
暗記

飲料水　ピースで飲みつつ ♪
陰極　水素　　2倍

陽気に　サンバ
陽極　　酸素

水の電気分解では，陽極に酸素，陰極に
水素が発生する。
水素の体積は酸素の 2 倍。

☑チェックテスト

解答

□ ❶ 1つの物質が性質の異なる2つ以上の物質に分かれる変化を何というか。

❶ 分解

□ ❷ 熱や電気を加えたりすることで，もとの物質とは異なった性質をもつ物質になるような変化を何というか。

❷ 化学変化

□ ❸ 酸化銀を加熱すると何と何ができるか。

❸ 酸素，銀

□ ❹ 水の電気分解を行ったときに陽極に発生する気体は何か。

❹ 酸素

□ ❺ 水の電気分解を行ったときに陰極に発生する気体は何か。

❺ 水素

□ ❻ 水の電気分解を行ったときに発生する気体の体積の割合は，❹：❺＝（　　　）である。

❻ 1：2

□ ❼ 塩化銅水溶液のように電気を通す水溶液は，（①　　）によって物質を分解することができる。塩化銅水溶液は（②　　）と銅に分解される。

❼ ①電気分解
②塩素

□ ❽ 右の図のように炭酸水素ナトリウムを加熱し発生した気体に石灰水を入れてよくふると，

炭酸水素ナトリウム　試験管B　試験管A　水

白く濁った。このことから，発生した気体は何か。

❽ 二酸化炭素

□ ❾ ❽について，反応後に試験管Aの底にできた白い固体は何か。

❾ 炭酸ナトリウム

□ ❿ ❾の固体を水に溶かし，フェノールフタレイン液を加えると何色を示すか。

❿ （濃い）赤色

□ ⓫ ❽について，反応後の試験管Aの口近くには液体がついていた。この液体に塩化コバルト紙をつけると何色に変化するか。

⓫ 赤色

□ ⓬ ⓫の結果より，⓫の液体は何か。

⓬ 水

part 1 電流とその利用

part 2 化学変化と原子・分子

part 3 生物のからだのつくりとはたらき

part 4 天気とその変化

9. 物質と原子・分子

📎 図解チェック

① 原子の性質 ★★

丸暗記

❶ 原子…原子とは，物質をつくっている，それ以上細かくできない最小の粒子である。

❷ 原子の性質…原子には次のような性質がある。

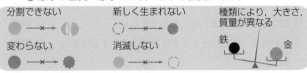

分割できない

変わらない

新しく生まれない

消滅しない

種類により，大きさ，質量が異なる

鉄　　金

② 元素記号 ★★★

❶ 元素…物質を構成する原子の種類を元素という。

❷ 元素記号…元素を表す記号を元素記号という。

元素記号	元素名	元素記号	元素名
H	水素	Al	アルミニウム
C	炭素	S	硫黄
N	窒素	Cl	塩素
O	酸素	Fe	鉄
Na	ナトリウム	Cu	銅
Mg	マグネシウム	Ag	銀
Zn	亜鉛	Au	金

③ 分子の性質 ★★★

分子をつくらない
物質もあるよ。

丸暗記

❶ 分子…分子とは，物質の性質を示す最小の粒子である。

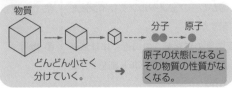

物質

どんどん小さく
分けていく。　→

分子　原子

原子の状態になると
その物質の性質がな
くなる。

❷ 分子の構造…分子はいくつかの原子が結びついてできている。

得点 **UP!**

- 原子，分子とは何かおさえておこう。
- 主な分子の分子モデルについて理解しておこう。

④ 単体と化合物★★★

❶ 単体…1種類の元素からできている物質を**単体**という。

例 水素 H_2，酸素 O_2，窒素 N_2 などの分子や，炭素 C，ナトリウム Na

❷ 化合物…2種類以上の元素が組み合わさってできている物質を**化合物**という。

例 水 H_2O，アンモニア NH_3，二酸化炭素 CO_2

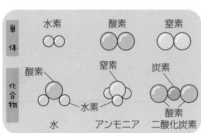

Check!

炭素や，ナトリウムなどの金属は，分子ではなく1種類の原子がたくさん集まってできている。

⑤ 状態変化と分子★★

❶ 状態変化と分子…右の図のように，物質の状態が固体・液体・気体と変化する状態変化では，分子の配列や運動のしかたが変わるが，分子自体は変化しない。

Check!

氷の結晶は水分子がすきまが多くなる結びつき方をしてできたものなので，密度が小さくなっている。

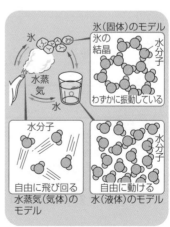

▲水の状態変化と分子のようす

❷ 化学変化と分子…化学変化は，分子そのものが変化する。

part 1 電流とその利用

part 2 化学変化と原子・分子

part 3 生物のからだのつくりとはたらき

part 4 天気とその変化

⑥ 周期表 ★

❶ 周期表…多くの元素を，性質の似ている元素ごとに整理して表にまとめたものを周期表という。現在，約120種類の元素が知られている。

❷ 周期と族…周期表の横の行を周期という。また，周期表の縦の列を族という。同じ族の元素は，性質がよく似ている。

⑦ 原子の結びつき方 ★

分子をつくるとき，原子が結びつく数は決まっている。これは，結びつく原子それぞれが他の原子と結びつくための結合の手をもっているためと考えられる。

結合の手で結びつくから決まった数でしか結びつけないんだね。

Check!
結合の手の数は原子の種類によって決まっている。

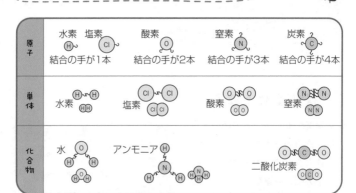

原子	水素 塩素 (H) (Cl) 結合の手が1本	酸素 (O) 結合の手が2本	窒素 (N) 結合の手が3本	炭素 (C) 結合の手が4本
単体	水素 (H)(H)	塩素 (Cl)(Cl)	酸素 (O)(O)	窒素 (N)(N)
化合物	水 (O)(H)(H)	アンモニア (H)(N)(H)(H)		二酸化炭素 (O)(C)(O)

最重要事項
暗記

個性もつ　ちびっ子No.1は
性質

分子さん

分子は物質の性質を示す最小の粒子である。

☑ チェックテスト

□ ❶ 物質をつくる最小の単位は（① 　　）である。①は分割（② 　　），新しく生まれ（③ 　　），変わ（④ 　　），消滅（⑤ 　　）という性質がある。

□ ❷ 原子がいくつか集まってできていて，物質の性質を失わない最小の粒子を何というか。

□ ❸ 1種類の元素のみからなる物質を何というか。

□ ❹ 2種類以上の元素が組み合わさってできている物質を何というか。

□ ❺ 次の㋐〜㋕の物質を，単体と化合物に分けよ。

　　㋐ H_2O　　㋑ Fe　　㋒ CO_2

　　㋓ O_2　　㋔ NH_3　　㋕ H_2

□ ❻ ❺の㋐〜㋕の物質の中で，分子をつくらずに1種類の原子がたくさん集まってできているものはどれか。

□ ❼ 物質はあたためられると固体から（① 　　）へ，そして（② 　　）へと変化する。

□ ❽ ❼のような変化を何というか。

□ ❾ ❽の変化では，（　　）の配列や運動のしかたは変化するが，（　　）自体は変化しない。

□ ❿ 分子が自由に飛び回っている状態は，どんな状態か。

□ ⓫ 原子の種類をアルファベットの記号を用いて表したものを何というか。

□ ⓬ 鉄原子の⓫を答えよ。

□ ⓭ 次の①〜④の分子は何を表しているか，答えなさい。ただし，Ⓗは水素原子，Ⓝは窒素原子，Ⓞは酸素原子を表している。

解答

❶ ①原子
　②できない
　③ない
　④らない
　⑤しない

❷ 分子

❸ 単体

❹ 化合物

❺ 単体ー
　イ，エ，カ
　化合物ー
　ア，ウ，オ

❻ イ

❼ ①液体
　②気体

❽ 状態変化

❾ 分子

❿ 気体

⓫ 元素記号

⓬ Fe

⓭ ①酸素
　②窒素
　③水
　④アンモニア

10. 化学反応 と 化学反応式

📎 図解チェック

① 化学反応と化合物 ★★★

❶ 物質が結びつく化学反応…2種類以上の物質が結びつき，別の1種類の
物質ができる化学反応には，次のようなものがある。

● 鉄＋硫黄 ──→ 硫化鉄

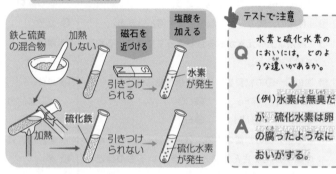

鉄と硫黄
の混合物　　加熱
しない

磁石を
近づける

塩酸を
加える

引きつけ
られる

水素
が発生

加熱

硫化鉄

引きつけ
られない

硫化水素
が発生

テストで注意

Q 水素と硫化水素の
においには，どのよ
うな違いがあるか。

↓

A （例）水素は無臭だ
が，硫化水素は卵
の腐ったような
においがする。

● 銅＋硫黄 ──→ 硫化銅

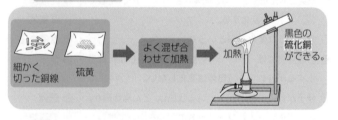

細かく
切った銅線

硫黄

よく混ぜ合
わせて加熱

加熱

黒色の
硫化銅
ができる。

● 銅＋塩素 ──→ 塩化銅

熱した
銅線

塩素

銅線を
抜いて水を
加える。

塩化銅 の
青色の水溶液
ができる。

丸
暗記

銅の化合物の
水溶液は青色を
している。

❷ 化合物…物質の結びつきによってできた物質を化合物という。

得点 **UP!**
● 主要な化学式を覚えよう。
● 化学反応式を書けるようにしよう。

② 化学式 ★★★

物質を元素記号と数字などで表したものを**化学式**という。

❶ 分子でできている物質の化学式

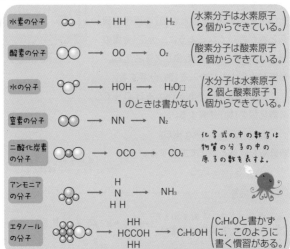

丸暗記				
水素の分子	○○ →	HH →	H_2	（水素分子は水素原子2個からできている。）
酸素の分子	○○ →	OO →	O_2	（酸素分子は酸素原子2個からできている。）
水の分子	→	HOH →	H_2O	（水分子は水素原子2個と酸素原子1個からできている。）1のときは書かない
窒素の分子	○○ →	NN →	N_2	
二酸化炭素の分子	○○○ →	OCO →	CO_2	
アンモニアの分子	→	H N H H →	NH_3	
エタノールの分子	→	HH HCCOH HH →	C_2H_5OH	（C_2H_6Oと書かずに，このように書く慣習がある。）

化学式の中の数字は
物質の分子の中の
原子の数を表すよ。

❷ 分子からできていない物質の

化学式…マグネシウムなどの
金属や**酸化銅**，**食塩**などは，
多くの原子が規則正しく結び
つき，分子というはっきりし
た単位がない。このような場
合は，物質を構成する原子の
数の比で表す。

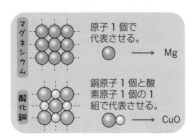

マグネシウム　原子1個で
代表させる。
○ → Mg

酸化銅　銅原子1個と酸
素原子1個の1
組で代表させる。
○○ → CuO

Check!
酸化銅はたくさんの酸素原子と銅原子が1：1の比で
並んでできている。

part 1　電流とその利用

part 2　原子・分子　化学変化と

part 3　生物のからだのつくりとはたらき

part 4　天気とその変化

| 10 | 化学反応と化学反応式 | 45

③ 化学反応式の書き方★★★

化学変化を化学式で表したものを**化学反応式**といい，次のようにして書く。

❶ 左辺に反応させる物質の化学式を，右辺に反応してできた物質の化学式を書き，左辺と右辺を矢印で結ぶ。

❷ 化学変化の前後(左辺と右辺)の原子の種類と数が等しくなるように，分子(金属の場合は原子)の数を整数倍してそろえる。

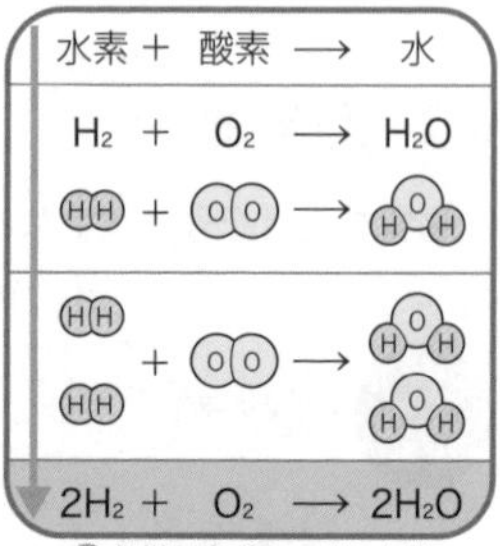

化学反応式のつくり方例

●炭酸水素ナトリウムを(熱)分解する。

$$2NaHCO_3 \longrightarrow Na_2CO_3 + H_2O + CO_2$$

●酸化銀を(熱)分解する。

$$2Ag_2O \longrightarrow 4Ag + O_2$$

●鉄粉を硫黄(いおう)と混ぜて加熱する。

$$Fe + S \longrightarrow FeS$$

式の左右で原子の数が等しいか，確認しよう！

テストで注意

Q 亜鉛(あえん)にうすい硫酸(りゅうさん)を加えたときの化学反応式を書け。 →→→ **A** $Zn + H_2SO_4 \rightarrow ZnSO_4 + H_2$

知っておきたい 化学反応式では，左辺と右辺の原子の種類と数はつねに等しくなる。

最重要事項 暗記

言おうかな(硫黄) **鉄**と合わさり
龍になること(硫化鉄に変化)

鉄と硫黄が結びつくと，硫化鉄ができる。

☑チェックテスト

解答

□ ❶ 2種類以上の物質が結びつき別の物質ができる化学反応によってできた物質を何というか。

□ ❷ 鉄と硫黄が結びついてできる物質を何というか。

□ ❸ ❷の物質に塩酸を加えたときに発生する気体を何というか。

□ ❹ ❸の結果から，❷の物質と鉄は同じ物質か，別の物質か。

□ ❺ 元素記号を用いて物質を表した式を総称して何というか。

□ ❻ 化学式を用いて化学変化を表した式を何というか。

□ ❼ 化学反応式では，左辺と右辺の原子の（① ）と（② ）が等しい。

□ ❽ H_2O で表される物質は何か。

□ ❾ H_2O の小さな2の数字は何を表しているか。

□ ❿ NH_3 で表される物質は何か。

□ ⓫ C_2H_5OH で表される物質は何か。

□ ⓬ 炭酸水素ナトリウムを加熱すると，炭酸ナトリウムに変化し，水ができ，気体が発生する。
（① ）$NaHCO_3 \longrightarrow Na_2CO_3 + H_2O + $（② ）

□ ⓭ 黒色の酸化銀を加熱すると，白色の物質になり，気体が発生する。（① ）$Ag_2O \rightarrow$（② ）$Ag + O_2$

□ ⓮ 亜鉛にうすい硫酸を加えると，気体が発生する。
$Zn + H_2SO_4 \rightarrow$（ ）$+ H_2$

□ ⓯ 鉄粉と硫黄の粉末を試験管に入れ，図のように加熱した。この反応式は
$Fe + $（① ）$\rightarrow$（② ）
と表され，変化が終わった後，試験管の中には（③ ）色の（④ ）が残る。

鉄粉と硫黄の粉末の混合物
脱脂綿

---

❶ 化合物

❷ 硫化鉄

❸ 硫化水素

❹ 別の物質

❺ 化学式

❻ 化学反応式

❼ ①種類
　②数
　（順不同）

❽ 水

❾ 水分子中の水素原子の数

❿ アンモニア

⓫ エタノール

⓬ ①2
　② CO_2

⓭ ①2
　②4

⓮ $ZnSO_4$

⓯ ① S
　② FeS
　③黒
　④硫化鉄

11. 酸化と還元

図解チェック

1 マグネシウムの酸化 ★★

丸暗記 物質が酸素と結びつく反応を酸化という。

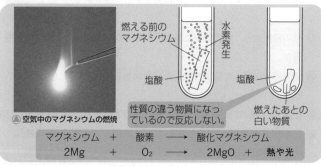

燃える前のマグネシウム

水素発生

塩酸

塩酸

性質の違う物質になっているので反応しない。

燃えたあとの白い物質

⚫ 空気中のマグネシウムの燃焼

マグネシウム	＋	酸素	⟶	酸化マグネシウム	
2Mg	＋	O_2	⟶	2MgO	＋ 熱や光

知っておきたい 熱や光を出しながら激しく進む酸化を燃焼（ねんしょう）という。

2 有機物の燃焼 ★★

　有機物が燃焼すると，有機物中の炭素や水素が酸素と結びつき，二酸化炭素と水ができる。

⚫ $C + O_2 \longrightarrow CO_2$
　炭素　酸素　　二酸化炭素

⚫ $2H_2 + O_2 \longrightarrow 2H_2O$
　水素　酸素　　　水

⚫ ろうそくの燃焼

テストで注意

Q 発生した気体が二酸化炭素であることを確かめるにはどうすればよいか。

↓

A （例）気体を石灰水に通し，白く濁るか調べる。

part 1 電流とその利用

part 2 化学変化と原子・分子

part 3 生物のからだのつくりとはたらき

part 4 天気とその変化

③ 酸化銅の還元 ★★★

丸暗記 酸化物中の酸素をとり除く反応を還元という。

❶ 炭素による還元…一定量の酸化銅と炭素を乳ばちにとり，よく混ぜたものを試験管に入れて加熱すると，黒色の酸化銅が赤色(赤褐色)の物質(銅)に変化する。そのとき，発生する気体を石灰水に通すと白く濁ることから，二酸化炭素が発生したことがわかる。

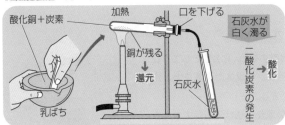

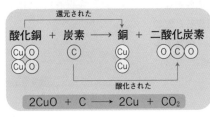

Check!
酸化銅は還元され，炭素は酸化されている。酸化と還元は必ず同時に起こる。

❷ 水素による還元…炭素と同じように水素も，酸化物から酸素をとり除くことができる。

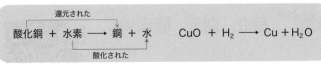

丸暗記 酸化銅の還元に炭素を用いると二酸化炭素が発生し，水素を用いると水が発生する。

④ おだやかな酸化 ★

❶ さび…鉄や銅などの金属が，空気中の酸素とおだやかに結びついて，ゆっくりと進んでいく酸化のことをさびという。

❷ さびを防ぐ方法…金属の表面に塗料を塗ったり，酸化被膜(うすい酸化物の膜)をつくったりして，直接空気とふれないようにする。

▲さび

Check!
さびはおだやかに酸化してできる。

ゆっくり酸化が進んでさびができるよ。

⑤ 還元の利用 ★

還元を利用すると，化合物として存在している金属から単体の金属をとり出すことができる。

● 酸化鉄の還元…鉄は溶鉱炉でつくられる。鉄の酸化物である赤鉄鉱などを，コークス(炭素)や石灰石と混ぜて，溶鉱炉で強く加熱し，還元することで鉄をとり出している。

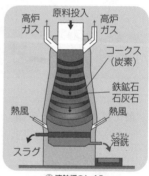
▲溶鉱炉のしくみ

（高炉ガス　原料投入　高炉ガス　コークス(炭素)　鉄鉱石 石灰石　熱風　熱風　スラグ　溶銑）

最重要事項
暗記

酸化・還元 酸素同時に

とり合いし

酸化は酸素と結びつき，還元は酸素がとり除かれる反応で，同時に起こっている。

✓ チェックテスト

□ ❶ 物質が酸素と結びつくことを何というか。

□ ❷ 物質が酸素と結びついてできた物質を何というか。

□ ❸ マグネシウムを加熱すると多量の熱や光を出しながら酸化される。このような反応を何というか。

□ ❹ マグネシウムを燃焼させてできる物質を何というか。

□ ❺ ❹の物質の化学式を答えよ。

□ ❻ 有機物をつくっている成分の主なものは何と何か。

□ ❼ 有機物を燃やしたときにできるものは，水と何か。

記述 □ ❽ ❼の物質ができたことを確かめるには，どうすればよいか。

□ ❾ 炭素を燃焼させて❼が発生するときの化学反応式を完成させよ。

　　　$C + (①　　) → (②　　)$

□ ❿ 金属が，空気中の酸素と結びついて，ゆっくり進んでいく酸化を何というか。

□ ⓫ 酸化物から酸素をとり除く化学反応を何というか。

□ ⓬ 右の図のように，酸化銅と炭素の粉末との混合物を加熱すると，銅ができ，気体が発生した。この発生した気体は何か。

酸化銅と炭素の粉末との混合物
試験管A
試験管B
石灰水

□ ⓭ ⓬の反応では，酸化銅は⓫され，炭素は（　　）されている。

□ ⓮ ⓬の反応を表す化学反応式を完成させよ。

　　　$2CuO + (①　　) → 2Cu + (②　　)$

□ ⓯ ⓬の実験において，炭素のかわりに水素を入れたところ，銅とある物質が発生した。このある物質の化学式をかけ。

---

❶ 酸化

❷ 酸化物

❸ 燃焼

❹ 酸化マグネシウム

❺ MgO

❻ 炭素，水素

❼ 二酸化炭素

❽ 石灰水に通して白く濁るか調べる。

❾ ① O_2
　② CO_2

❿ さび

⓫ 還元

⓬ 二酸化炭素

⓭ 酸化

⓮ ① C
　② CO_2

⓯ H_2O

11 酸化と還元 | 51

12. 化学変化と熱

📎 図解チェック

1 物質の燃焼による熱の発生 ★★

❶ 化学反応と熱…化学反応では，原子などの粒子の組み合わせが変化すると同時に，熱(エネルギー)が発生したり，吸収されたりする。

▲有機物の燃焼

❷ 有機物の燃焼による熱の発生…エタノール，ろう，石油などの有機物の燃焼では，有機物中に含まれる炭素，水素と酸素が結びつき，二酸化炭素，水が発生する。そのときに多量の熱を出す。

有機物＋酸素 ⟶ 二酸化炭素＋水＋熱(エネルギー)

❸ 金属の燃焼による熱の発生…マグネシウム，アルミニウム，鉄などの金属の燃焼では，酸化物ができる。そのときに有機物の燃焼と同じように，多量の熱を出す。

鉄＋酸素 ⟶ 酸化鉄＋熱(エネルギー)

スチールウール

❹ その他の物質の燃焼による熱の発生…硫黄，水素，炭素などを燃焼しても，熱を出して反応する。

● 硫黄＋酸素 ⟶ 二酸化硫黄＋熱(エネルギー)
● 水素＋酸素 ⟶ 水＋熱(エネルギー)
● 炭素＋酸素 ⟶ 二酸化炭素＋熱(エネルギー)

❺ 燃焼による熱の発生の利用…物質を燃焼させたときに得られる熱は，暖房や調理など，身のまわりのさまざまな所で利用されている。

知って
おきたい

有機物や金属の燃焼のように，熱の発生をともなう
化学変化を発熱反応という。

② **発熱反応**★★★

❶ 発熱反応…熱を発生する化学変化を**発熱反応**といい，次のようなものがある。

● 鉄＋酸素 ⟶ 酸化鉄＋熱（エネルギー）
● 鉄＋硫黄 ⟶ 硫化鉄＋熱（エネルギー）

╭─ Check! ─────────────────────────╮
鉄と硫黄を反応させるとき，加熱を途中でやめても反応が進むのは
熱が発生しているからである。
╰──────────────────────────────────╯

❷ 化学かいろ…鉄と酸素の反応による発熱反応を利用したのが**化学かいろ**である。

鉄粉(8g)　食塩水を数滴　ガラス棒でよく混ぜる。
活性炭(3g)
蒸発皿

▲化学かいろ（発熱反応）

食塩水には酸化する速度を速める役割が，炭素には空気をたくわえ鉄粉に酸素をわたす役割があるんだよ。

③ **吸熱反応**★

❶ 吸熱反応…熱を吸収する化学変化を**吸熱反応**といい，次のようなものがある。

● 水酸化バリウム＋塩化アンモニウム
　⟶ 塩化バリウム＋アンモニア
　　＋水－熱（エネルギー）

╭─ Check! ─────────────────╮
吸熱反応では，反応を進めるエネルギーを
得るため，周囲の熱を吸収している。
╰──────────────────────────╯

塩化アンモニウム　ガラス棒　温度計
水酸化バリウム

▲水酸化バリウムと塩化アンモニウムの反応

④ 発熱・吸熱反応の利用 ★

❶ **火を使わない加熱**…酸化カルシウムと水を反応させると、水酸化カルシウムができ、熱が発生する。この反応は弁当の加熱剤や、災害時用の発熱剤などに利用されている。

●酸化カルシウム＋水 ⟶ 水酸化カルシウム＋熱(エネルギー)

❷ **呼吸**…生物の体内で、養分に含まれている有機物が、呼吸によって体内にとり入れられた酸素と反応して分解される。そのときに発生する熱によって生命活動を維持している。有機物が酸化されるときには二酸化炭素と水ができる。

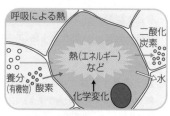
呼吸による熱
二酸化炭素
熱(エネルギー)など
養分(有機物) 酸素
化学変化
水

❸ **冷却パック**…硝酸アンモニウムや尿素などが、水に溶けると熱を多量に吸収する反応を利用したものである。

Check!
冷却パックは、パックを強くたたくと、パックの中にある水の入った袋が破れ、そのまわりの硝酸アンモニウムと尿素の粒に反応して急速に温度が下がることを利用したものである。

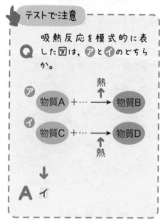
テストで注意

Q 吸熱反応を模式的に表した図は、⑦と①のどちらか。

⑦ 物質A ＋… ⟶ 物質B ↑熱

① 物質C ＋… ⟶ 物質D ↑熱

↓

A ①

最重要事項
暗記

<u>鉄・酸素</u> **反応**したら
鉄と酸素

かいろだよ
化学かいろ

はよ、あったかなれ…

化学かいろは、鉄と酸素の反応による熱を利用している。

酸素 かいろ 鉄

☑チェックテスト

 解答

□ ❶ 有機物が燃焼するとき，多量の熱とともに発生する気体と液体は，それぞれ何か。

□ ❷ マグネシウムを燃焼させたときにできる物質を何というか。

□ ❸ マグネシウムが燃焼するとき，熱は発生するか，吸収されるか。

□ ❹ 水素が燃焼してできる物質を何というか。

□ ❺ ❹の反応が起こるとき，熱は発生するか，吸収されるか。

□ ❻ 熱を発生する化学変化を何というか。

□ ❼ 鉄と硫黄を反応させるとき，途中で加熱をやめた。反応は進むか，止まるか。

記述 □ ❽ 蒸発皿に鉄粉，活性炭，食塩水を入れて，ガラス棒でよく混ぜたあと，しばらくして温度をはかると，どうなっているか。

□ ❾ ❽の現象を利用した日用品は何か。

□ ❿ 水酸化バリウムと塩化アンモニウムの反応のように，熱の吸収をともなう化学変化を何というか。

□ ⓫ 硝酸アンモニウムを水に溶かすと，熱を発生するか，吸収されるか。

□ ⓬ 右の図のように，使い捨てカイロの中身の黒色の粒を観察すると，発熱し，やがて茶色の粒が見られた。この化学変化を（①　）という。また，一般に，このように熱を発生する化学変化を（②　）反応という。このときできた物質の名称は（③　）である。

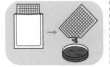

□ ⓭ 生物が体内で熱を発生させるために，酸素をとり入れるはたらきを何というか。

❶ 気体－二酸化炭素　液体－水
❷ 酸化マグネシウム
❸ 発生する
❹ 水
❺ 発生する
❻ 発熱反応
❼ 進む
❽ 温度が上がっている。
❾ 化学かいろ
❿ 吸熱反応
⓫ 吸収される
⓬ ①酸化　②発熱　③酸化鉄
⓭ 呼吸

月　日

13. 化学変化と物質の質量

📎 図解チェック

① 有機物の燃焼と質量 ★

❶ 有機物の燃焼と質量…空気中で有機物を燃焼させ，燃焼前と燃焼後の質量を比べると，燃焼後の質量は小さくなる。

❷ 質量が小さくなる理由…有機物に含まれる炭素は燃焼によって酸素と結びついて二酸化炭素になり，水素は酸素と結びついて水になる。それらが空気中へ出ていくため，質量は小さくなる。

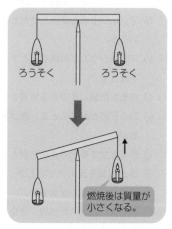

ろうそく　　　　　ろうそく

燃焼後は質量が小さくなる。

② 金属の燃焼と質量 ★★

❶ スチールウールの燃焼と質量…スチールウール(鉄)を空気中で燃焼させると，あとに残った物質(酸化鉄)はもとの鉄よりも質量が大きくなる。

❷ マグネシウムの燃焼と質量…マグネシウムを空気中で燃焼させると白煙(はくえん)を出して燃え，燃焼後に残った物質(酸化マグネシウム)は，もとのマグネシウムよりも質量が大きくなる。

スチールウールは，燃焼後重くなる。

燃焼後　　　反応前

▲ 燃焼による質量の変化

もとの金属の質量に
結びついた酸素の
質量が加わったんだね。

テスト で 注意

Q　金属の燃焼後，質量が大きくなったのはなぜか。 →→→ A （例）空気中の酸素と結びついたため。

得点 UP! ● 気体ができる反応，沈殿ができる反応を確かめよう。
● 質量保存の法則を理解しよう。

③ 気体が発生する反応と質量 ★★

❶ 塩酸と炭酸水素ナトリウムの反応と質量…空気中で塩酸に炭酸水素ナトリウムを加えると，二酸化炭素が発生する。発生した二酸化炭素が空気中へ出ていくため，反応後の質量は反応前の質量と比べて小さくなる。

$$NaHCO_3 + HCl \longrightarrow NaCl + H_2O + CO_2$$

❷ 炭酸水素ナトリウムの熱分解と質量…空気中で炭酸水素ナトリウムを加熱すると発生した二酸化炭素や水が空気中へ出ていくため，反応後にできた炭酸ナトリウムの質量は反応前の炭酸水素ナトリウムの質量と比べて小さくなる。

$$2NaHCO_3 \longrightarrow Na_2CO_3 + H_2O + CO_2$$

④ 沈殿ができる反応 ★★

❶ 硫酸と水酸化バリウム水溶液の反応

うすい硫酸にうすい水酸化バリウム水溶液を加えると，硫酸バリウムという白い沈殿ができる。

Check!
硫酸と水酸化バリウム水溶液の反応は，
$H_2SO_4 + Ba(OH)_2$
$\longrightarrow 2H_2O + BaSO_4$
と表される。

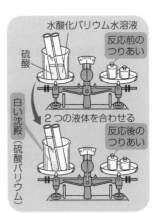

❷ 沈殿ができる反応と質量…沈殿ができる反応は，反応でできた物質が外へ出ていかないため，反応前の水溶液の質量の和と，反応後の水溶液と沈殿の質量の和が等しくなる。

Check!
炭酸ナトリウムと塩化カルシウムの反応でも，白い沈殿（炭酸カルシウム）ができる。$Na_2CO_3 + CaCl_2 \longrightarrow 2NaCl + CaCO_3$

⑤ 質量保存の法則 ★★★

❶ 質量保存の法則…化学変化では，原子どうしの結びつき方のみが変わり，原子の種類や数は変化しない。そのため，化学反応前の物質の質量の総和と，反応後の物質の質量の総和は変わらない。これを**質量保存の法則**という。

❷ 次のように密閉した状態で反応させると，反応前の物質の質量と反応後の物質の質量が変わることがないため，質量保存の法則を確かめることができる。

● フラスコ内のマグネシウムの燃焼(ねんしょう)…マグネシウムと酸素を密閉した状態で反応させると，反応後も全体の質量は**変化しない**。これは，フラスコ内の酸素と結びつき，気体の出入りがないためである。

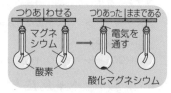

Check!

マグネシウムの燃焼は，2Mg + O$_2$ ⟶ 2MgO と表される。

● 気体が発生する反応…容器を密閉した状態で反応を起こせば，反応後にできた気体が出ていけないため，全体の質量は変化しない。

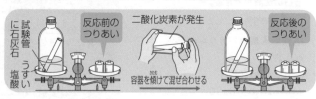

最重要事項
暗記

<u>母さん</u> **変身**
化学　　変化

でも　<u>体重</u>変化なし
　　　　質量

before　after

化学反応の前後で，物質の質量の総和は変わらない。これを質量保存の法則という。

☑ チェックテスト

解答

□ ❶ スチールウールを燃焼させると、燃焼後の物質の質量はどうなるか。

❶ 大きくなる。

□ ❷ スチールウールの燃焼後にできる黒色の物質を何というか。

❷ 酸化鉄

□ ❸ ❶の結果になったのは、スチールウールに何が結びついたためか。

❸ 酸素

□ ❹ 木炭を燃焼させると、燃焼後に残った物質(灰)の質量はどうなるか。

❹ 小さくなる。

□ ❺ ❹の結果になったのは、木炭の成分の( )が酸素と結びついて二酸化炭素になり、外へ出たためである。

❺ 炭素

□ ❻ 炭酸水素ナトリウムを加熱すると、炭酸ナトリウムができて質量は減少する。これは炭酸水素ナトリウムを加熱したとき出ていった気体の質量分である。この逃げた気体を2つ答えよ。

❻ 水蒸気(水)、
二酸化炭素

□ ❼ 硫酸と水酸化バリウム水溶液を混ぜると、沈殿ができる。このとき、反応前の水溶液全体の質量と反応後の水溶液と沈殿の質量の和はどうなっているか。

❼ 等しい

□ ❽ ふたをしていないビーカーの中で塩酸に炭酸水素ナトリウムを加えたとき、加える前の質量と加えたあとの質量はどちらが大きいか。

❽ 加える前

□ ❾ 右の図のように、うすい過酸化水素水を入れた試験管と二酸化マンガンを容器に入れて、密閉した容器を傾けて(①)を発生させた。反応が終わったあとの容器の質量は反応前の質量と(②)。これを(③)の法則という。

うすい
過酸化水素水

二酸化マンガン

❾ ①酸素
②等しい
(変わらない)
③質量保存

14. 化学変化と質量の割合

図解チェック

① 金属の酸化と質量の変化 ★★★

❶ 金属の酸化と質量…下の図のように銅の粉末を加熱すると酸化銅が, マグネシウムの粉末を加熱すると酸化マグネシウムがそれぞれできる。

マグネシウムの粉末や銅粉　燃焼前　かき混ぜながら, 加熱する。　何回かくり返す。　燃焼後　質量が増加する。　三角架

実験結果をグラフにすると, 下のようになる。このグラフより, 空気中で加熱した金属の質量と酸化によってできた酸化物の質量は比例することがわかる。

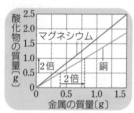

酸化物の質量〔g〕
マグネシウム
2倍
2倍
銅
金属の質量〔g〕

Check!

グラフから, 0.4g の銅を酸化させると 0.5g の酸化銅になり, 銅を 2 倍の量にして 0.8g の銅を酸化させると, 酸化銅も 2 倍の量の 1.0g になることがわかる。

❷ 定比例の法則…同じ化合物であるなら, その成分元素の質量の割合は一定である。これを定比例の法則という。

酸素の質量〔g〕
マグネシウム
銅
金属の質量〔g〕

▲金属と結びつく酸素の質量

丸暗記

● 銅と酸素の質量の比は,
　銅：酸素＝ **4：1**

● マグネシウムと酸素の質量の比は,
　マグネシウム：酸素＝ **3：2**

テストで注意

Q 2.0g の銅を空気中で十分に加熱したとき, できる酸化銅の質量は何 g か。 →→→ **A** 2.5g

得点UP! ● 銅，マグネシウムと結びつく酸素の質量比をおさえよう。
● 質量保存の法則が成り立っていることに注意しよう。

part 1 電流とその利用

part 2 化学変化と原子・分子

part 3 生物のからだのつくりとはたらき

part 4 天気とその変化

② 化学変化と質量の割合 ★★

体積と質量のちがいに注意しよう。

❶ 気体を発生する反応と量

● 亜鉛と塩酸の反応では，水素が発生する。ある一定の塩酸に加えた亜鉛の質量と発生する水素の体積は比例している。

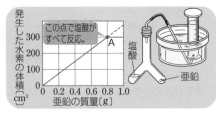

この点で塩酸がすべて反応。　A

塩酸　亜鉛

Check!

亜鉛と塩酸の反応は，
$Zn + 2HCl \longrightarrow ZnCl_2 + H_2$　と表すことができる。

● ある一定の量の塩酸に反応する亜鉛の量は決まっている。そのため，決まった量以上の亜鉛を加えても反応は起こらず，水素は発生しない。

❷ 水溶液の体積と沈殿の量

● うすい硫酸とうすい塩化バリウム水溶液を反応させると，沈殿（硫酸バリウム）ができる。

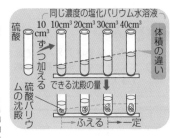

同じ濃度の塩化バリウム水溶液
硫酸 10cm³ ずつ加える
10cm³ 20cm³ 30cm³ 40cm³
体積の違い
硫酸バリウムの沈殿　できる沈殿の量↓
←ふえる←一定

Check!

硫酸と塩化バリウムの反応は，
$H_2SO_4 + BaCl_2$
$\longrightarrow 2HCl + BaSO_4$
と表すことができ，硫酸バリウムの白い沈殿と塩酸ができる。

● 一定量の硫酸に，体積を変えた同じ濃度の塩化バリウム水溶液を加えると，すべて反応するまではできる沈殿の量は増加するが，反応する一定の量をこえると，沈殿の量はふえなくなる。

❸ 水の合成と体積比

● 水素と酸素が体積比2：1になっている混合気体に点火すると，過不足なく反応して水ができる。

Check!
水素と酸素の反応は，
$2H_2 + O_2 \longrightarrow 2H_2O$ と表すことができる。

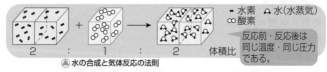

グラフ：縦軸「残った気体の体積〔cm³〕」0～9，横軸「用いた気体の体積〔cm³〕」酸素 0 1 2 3 4 5 6 7 8 9／水素 9 8 7 6 5 4 3 2 1 0

残った水素／過不足なく反応／残った酸素

Check!
酸素が3cm³，水素が6cm³のとき，過不足なく反応している。

● 気体反応の法則…互いに気体どうしが反応して気体を生成する場合は，それらの気体の体積比は簡単な**整数比**になるという法則がある。

水素 ┇ 水（水蒸気）
∞ 酸素

2 ： 1 ： 2　体積比

反応前・反応後は同じ温度・同じ圧力である。

▲水の合成と気体反応の法則

● 水素と酸素は質量比1：8の割合で結びついている。

知っておきたい　物質はいつも決まった質量の割合で結びついたり，分解したりしている。

テストで注意

Q　水素と酸素は 1：8 の質量比で結びついて水になることから，水素原子と酸素原子の質量比を答えよ。　→→→　A　1：16

最重要事項 暗記

銅像に　結びつくのは
　銅
よい酸素
　4：1

酸化銅は，銅と酸素の質量の比が 4：1 となる。

よい O_2 がひっつきます

✅チェックテスト

解答

□ ❶ 1gの銅を十分に加熱して酸化させると1.25gの酸化銅ができた。このとき結びついた酸素は何gか。

❶ **0.25 g**

□ ❷ ❶で, 銅とできた酸化銅の質量の比はどうなっているか。

❷ **4：5**

□ ❸ ❶で, 反応した銅と酸素の質量の比はどうなっているか。

❸ **4：1**

□ ❹ 銅と酸素が❸の比で結びつくとすると, 4.8gの銅を十分に加熱して酸化させたとき, 得られる酸化銅の質量は何gか。

❹ **6.0 g**

□ ❺ ❹のとき, 結びついた酸素は何gか。

❺ **1.2 g**

□ ❻ 1.2gのマグネシウムを十分に加熱して酸化させると2.0gになる。このとき結びついた酸素は何gか。

❻ **0.8 g**

□ ❼ ❻で, 反応するマグネシウムと酸素の質量の比はどうなっているか。

❼ **3：2**

□ ❽ マグネシウムと酸素が❼の比で結びつくとすると, 1.8gのマグネシウムを十分に加熱して酸化させたとき, 得られる酸化マグネシウムの質量は何gか。

❽ **3.0 g**

□ ❾ 酸化マグネシウム4.5gを得るためには, マグネシウム何gを酸化させればよいか。マグネシウムと酸素の比は❼になるとして答えよ。

❾ **2.7 g**

□ ❿ 水素10cm³と酸素10cm³が反応して水ができるとき, どちらの気体が何cm³残るか。

❿ **酸素が 5 cm³ 残る。**

□ ⓫ 右の図は, 酸化銅ができるときの, 銅と酸化銅の質量の関係を示している。グラフから銅0.8gと結合する酸素は（①　）gである。よって, 銅の質量と酸素の質量比は（②　）：1である。

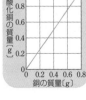

⓫ ① **0.2** ② **4**

📝 まとめテスト

月　　日

解答

- □ ❶ 炭酸水素ナトリウムを加熱すると３つの物質になる。それぞれの物質名を答えよ。

  ❶ 炭酸ナトリウム、水、二酸化炭素

- □ ❷ ❶の化学反応式を完成させよ。

  (①　　)NaHCO$_3$ ⟶ (②　　)+H$_2$O+CO$_2$

  ❷ ① 2
  ② Na$_2$CO$_3$

- □ ❸ 右の図のＡにたまった気体に火のついた線香を入れると炎をあげてよく燃えた。このことからＡにたまった気体は何か。

  ❸ 酸素

  A　B

  水酸化ナトリウム水溶液

  電源装置

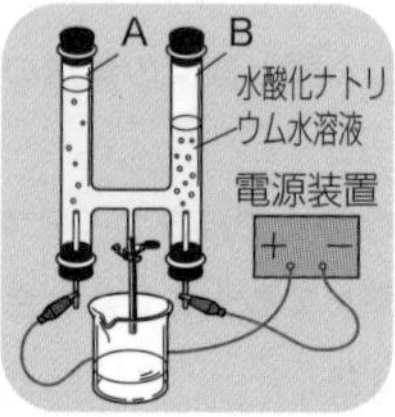

- □ ❹ 右の図のＢにたまった気体は何か。

  ❹ 水素

- □ ❺ 電流による上の図のような分解を何というか。

  ❺ 電気分解

- □ ❻ 物質としての性質をもつ最小の粒子を何というか。

  ❻ 分子

- □ ❼ 物質をつくっている最小の粒子を何というか。

  ❼ 原子

- □ ❽ 酸素や鉄のように、１種類の原子からできている物質を何というか。

  ❽ 単体

- □ ❾ アンモニアや二酸化炭素のように、２種類以上の原子からできている物質を何というか。

  ❾ 化合物

- □ ❿ 鉄と(①　　)を混ぜ合わせた混合物を加熱すると、硫化鉄になる。この物質は加熱によって結びついた(②　　)である。

  ❿ ① 硫黄
  ② 化合物

- □ ⓫ 物質を、元素記号と数字などを使って表したものを何というか。

  ⓫ 化学式

- □ ⓬ 化学変化のようすを化学式で表した式を何というか。

  ⓬ 化学反応式

- □ ⓭ 鉄やマグネシウムが酸素と結びつくことを(①　　)といい、その結果できたものを、鉄やマグネシウムの(②　　)という。

  ⓭ ① 酸化
  ② 酸化物

- □ ⓮ 酸化銅と炭素の混合物を加熱すると、銅がとり出せる。このように、酸化物から酸素をとり除く化学変化を何というか。

  ⓮ 還元

part
1
⚡
電流とその利用

part
2
⚛
化学変化と原子・分子

part
3
🏃
運動のからだのつくりとはたらき

part
4
❄
天気とその変化

□ ⑮ ⑭の化学変化を化学反応式で表せ。

（① ）$CuO +$（② ）$\longrightarrow 2Cu +$（③ ）

□ ⑯ ⑭の反応について，炭素を水素に変えたときに，銅と何ができるか。

□ ⑰ ⑯の化学変化を化学反応式で表せ。

$CuO +$（① ）$\longrightarrow Cu +$（② ）

□ ⑱ 鉄などの金属が空気中の酸素とおだやかに結びついてゆっくりと進んでいく酸化を何というか。

□ ⑲ エタノールを燃焼すると（① ）と水になる。これは，エタノールが（② ）や水素からできているためである。

□ ⑳ 塩化アンモニウムと水酸化バリウムを反応させると，熱が発生するか，吸収されるか。

□ ㉑ ⑳のような化学変化を，何というか。

□ ㉒ 化学反応の前後で原子の（① ）と（② ）は変わらないので，（③ ）の法則が成り立つ。

□ ㉓ 水を電気分解したとき，発生した水素と酸素の体積の比はどうなっているか。

□ ㉔ マグネシウム0.9gを空気中で十分に加熱すると，できた酸化マグネシウムの質量は1.5gであった。このとき，結びついた酸素の質量は（① ）gである。したがって，マグネシウムと酸素の質量比は，マグネシウム：酸素＝3：（② ）であり，常に一定である。

□ ㉕ ㉔の化学反応式を完成させよ。

$2Mg+O_2 \longrightarrow$（③ ）

□ ㉖ マグネシウムと酸素が結びつくとき，質量の比は常に㉔のようになるとすると，マグネシウム2.7gと結びつく酸素の質量は何gか。

□ ㉗ 水素と酸素が過不足なく反応して水ができるとき，その体積比は水素：酸素＝（ ）になっている。

⑮ ①2
　②C
　③CO_2

⑯ 水

⑰ ①H_2
　②H_2O

⑱ さび

⑲ ①二酸化炭素
　②炭素

⑳ 吸収される

㉑ 吸熱反応

㉒ ①種類
　②数(順不同)
　③質量保存

㉓ 2：1

㉔ ①0.6
　②2

㉕ $2MgO$

㉖ 1.8g

㉗ 2：1

15. 細胞のつくり

📎 図解チェック

生物は細胞から
できているんだ!

1 細胞の観察 ★★

❶ 細胞…生物のからだは細胞という小さな構造によってできている。細胞は生物の基本単位である。

❷ 細胞の観察…タマネギの表皮細胞は，下の図のようにして観察することができる。

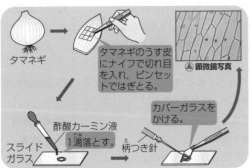

タマネギ

タマネギのうす皮にナイフで切れ目を入れ，ピンセットではぎとる。

スライドガラス　酢酸カーミン液を1滴落とす。

柄つき針

カバーガラスをかける。

⬆顕微鏡写真

Check!
酢酸カーミン液や酢酸オルセイン液などの染色液は，核を赤色に染める。

2 細胞のつくり ★★★

丸暗記
植物細胞・動物細胞ともに核をもち，細胞の周囲は細胞膜で覆われる。植物細胞はそのほかに細胞壁，液胞，葉緑体をもつ。

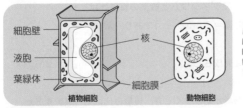

細胞壁
液胞
葉緑体
核
細胞膜
植物細胞
動物細胞

Check!
細胞膜を含む核のまわりのものを細胞質という。

テストで注意

Q 植物細胞に特有なつくりは何か。→→→ **A** 細胞壁，液胞，葉緑体

得点UP!
- 植物細胞と動物細胞の違いを確認しよう。
- 生物のからだのなりたちをおさえよう。

③ 単細胞生物と多細胞生物 ★★

❶ 単細胞生物…1つの細胞からなる生物。栄養分の吸収や消化,不要物の排出,運動など,いろいろなはたらきを1つの細胞で行っている。

❷ 多細胞生物…ヒトやミジンコなどの,多くの細胞からなる生物。さまざまなはたらきをする細胞をもっている。

▲ゾウリムシ（単細胞生物）

▲ミカヅキモ（単細胞生物）

④ 生物のからだのなりたち ★

多細胞生物では,形やはたらきが同じ細胞が集まって,特定のはたらきを受けもつ。

Check!

細胞の集まりを**組織**といい,組織が集まって**器官**ができる。
さらにいろいろな器官が集まって1つの**個体**となる。

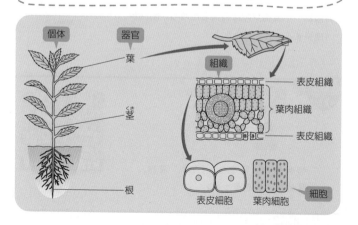

⑤ 細胞の形と大きさ★

細胞の形や大きさはさまざまである。

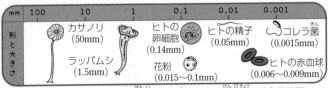

	100	10	1	0.1	0.01	0.001

形と大きさ

カサノリ (50mm) / ラッパムシ (1.5mm) / ヒトの卵細胞 (0.14mm) / 花粉 (0.015〜0.1mm) / ヒトの精子 (0.05mm) / コレラ菌 (0.0015mm) / ヒトの赤血球 (0.006〜0.009mm)

←——ヒトの肉眼で見える範囲——→ ←——光学顕微鏡で見える範囲——→

⑥ 細胞のつくりとはたらき★★

❶ 植物細胞・動物細胞に共通のつくり

●核…ほぼ球形をしている。**酢酸カーミン液**や**酢酸オルセイン液で赤色**に染まる。生物の遺伝に重要な役割をもつ。

●細胞膜…細胞内と細胞外の間でのガス交換や物質の交換を行っている。

❷ 植物細胞のみにあるつくり

●葉緑体…葉緑素をもち，光合成で二酸化炭素と水から，光を使ってデンプンをつくりだしている。

●細胞壁…セルロースという物質を主成分とするじょうぶな膜で，細胞内を保護したり，形を保つ役割をもつ。

●液胞…不要物や貯蔵物質をためる。細胞が成長すると大きくなる。

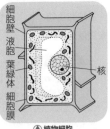

細胞壁 / 液胞 / 葉緑体 / 細胞膜 / 核

▲植物細胞

最重要事項
暗記

植物は　駅に緑の
植物細胞　液胞 葉緑体

壁つくり
細胞壁

植物細胞に特有なつくりは，液胞，
葉緑体，細胞壁である。

✓ チェックテスト

解答

□ ❶ すべての生物のつくりの基本単位は何か。

□ ❷ 細胞のつくりにおいて，動物細胞と植物細胞に共通して見られるつくりは何か。

□ ❸ 植物細胞にだけ見られるつくりを答えよ。

□ ❹ 核は，(①   )という染色液で，(②   )色に染まる。

□ ❺ ゾウリムシのように，1つの細胞からなる生物を何というか。

□ ❻ ヒトなどのように，多くの細胞からなる生物を何というか。

□ ❼ 同じような形，同じようなはたらきをもった細胞の集まりを何というか。

□ ❽ ❼が集まって，ある特定のはたらきをするものを何というか。

□ ❾ 植物細胞にだけ見られ，光合成を行うつくりを何というか。

□ ❿ 植物細胞にだけ見られ，細胞内を保護したり形を保つ役割をするものを何というか。

□ ⓫ 動物細胞，植物細胞に共通している，細胞の周囲を覆ううすい膜を何というか。

□ ⓬ 右の図は，ある池の水を採取し，顕微鏡で観察して見つかった微生物のスケッチである。

ア～ウの微生物の名まえをそれぞれ答えよ。

□ ⓭ ア～ウの生物で，単細胞生物はどれか。すべて選び，記号で答えよ。

□ ⓮ ア～ウの生物で，葉緑体をもつものはどれか。記号で答えよ。

□ ⓯ ア～ウの生物で，最も大きいものを記号で答えよ。

---

❶ 細胞

❷ 核，細胞膜

❸ 細胞壁，液胞，葉緑体

❹ ①酢酸カーミン液(酢酸オルセイン液)
②赤(赤紫)

❺ 単細胞生物

❻ 多細胞生物

❼ 組織

❽ 器官

❾ 葉緑体

❿ 細胞壁

⓫ 細胞膜

⓬ ⓐゾウリムシ
ⓑミカヅキモ
ⓒミジンコ

⓭ ア，イ

⓮ イ

⓯ ウ

16. 植物のからだのつくりとはたらき

📎 図解チェック

① 根のつくりとはたらき ★★

❶ 根のつくり…先端付近には小さな多数の根毛
がある。根毛があることで根の表面積が広く
なっている。

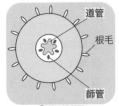

● 根の横断面
（この形状ではない植物もある）

丸暗記

● 双子葉類の根のつくり…主根とい
う太い根を中心に，そこから枝分
かれした側根よりなる。

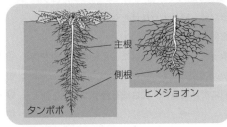

主根
側根
タンポポ
ヒメジョオン

丸暗記

● 単子葉類の根のつくり…どの根も太さが一様で，本数が非常に
多いひげ根よりなる。

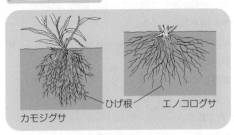

ひげ根
カモジグサ
エノコログサ

知って
おきたい

植物は，根毛で根の表面積を広げ，効率よく水や
水に溶けた養分をとり入れている。

❷ 根のはたらき…根には水や水に溶けた養分を吸収する，植物の地上部を
支えるというはたらきがある。

● 植物のからだで水や栄養分がどのように移動するかおさえよう。
● 蒸散のはたらきを覚えよう。

② 茎のつくりとはたらき★★★

❶ 茎のつくり…茎には維管束があり，葉や根とつながっている。

● 双子葉類の茎のつくり…維管束が輪状に並び，維管束に形成層がある。

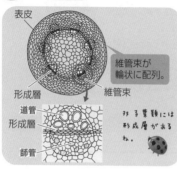

表皮

維管束が輪状に配列。

形成層　　　維管束

道管
形成層
師管

双子葉類には形成層があるね。

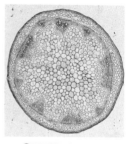

▲双子葉類の茎の横断図

Check!

形成層では細胞の分裂が盛んに行われるため，茎が太くなる。

● 単子葉類の茎のつくり…維管束が茎全体に散在し，維管束には形成層がない。

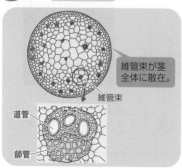

維管束が茎全体に散在。

維管束

道管

師管

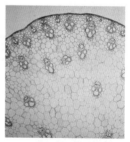

▲単子葉類の茎の横断図

❷ 茎のはたらき…茎には水や栄養分などをからだ全体へ送る，葉や花を支えるというはたらきがある。

part 1 電流とその利用

part 2 化学変化と原子・分子

part 3 生物のからだのつくりとはたらき

part 4 天気とその変化

③ 葉のつくりと気孔 ★★

❶ 葉脈…葉の葉脈の中には，維管束がある。
葉脈の形は，双子葉類は**網状脈**，単子葉
類は**平行脈**である。

△ 網状脈

△ 平行脈

❷ 葉のつくり

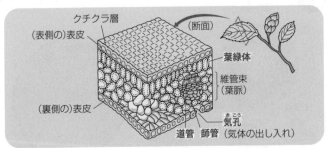

クチクラ層
（表側の）表皮
（裏側の）表皮
葉緑体
維管束（葉脈）
（断面）
気孔
道管　師管（気体の出し入れ）

丸暗記

維管束 | 道管…水の通り道，葉では上側，茎では内側に存在
師管…栄養分の通り道，葉では下側，茎では外側に存在

❸ 気孔…2つの三日月形の**孔辺細胞**にかこまれた穴。葉の表皮にあり，水
分，酸素，二酸化炭素の出入り口となる。

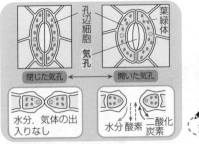

孔辺細胞
気孔
葉緑体
閉じた気孔 ← → 開いた気孔
水分，気体の出入りなし
水分 酸素 二酸化炭素

△ ツユクサの気孔

Check!
気孔は葉の裏側に多くある。

テストで注意

Q 気孔からとり入れられず，出ていくのみ のものは何か。 → → → **A** 水分（水蒸気）

④ 蒸散 ★★★

❶ 蒸散…植物は，体内の水を，気孔から水蒸気の形で放出している。このようなはたらきを蒸散という。

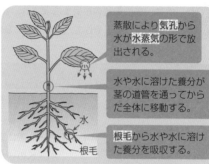

蒸散により気孔から水が水蒸気の形で放出される。

水や水に溶けた養分が茎の道管を通ってからだ全体に移動する。

根毛から水や水に溶けた養分を吸収する。

▲蒸散によって水・養分を吸収するようす

❷ 蒸散と水の移動…蒸散が行われるとき，根から水が吸い上げられる。蒸散により植物体内の水や水に溶けた養分が移動する。

 Check!

蒸散は葉の気孔が開くことにより行われる。

❸ 蒸散が行われる部分

右の図のように，葉の枚数や大きさがほとんど同じ4本の枝を用意し，それぞれⒶ何もぬらない，Ⓑ葉の表にワセリンをぬる，Ⓒ葉の裏にワセリンをぬる，Ⓓ葉をすべて取る，の処理を行う。一定時間後の水の減少量を比べると，Ⓐ＞Ⓑ＞Ⓒ＞Ⓓの順になる。この実験結果から，蒸散は主に葉の裏側で行われていることがわかる。

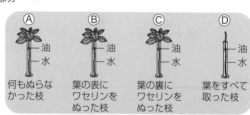

Ⓐ 油 水 何もぬらなかった枝

Ⓑ 油 水 葉の表にワセリンをぬった枝

Ⓒ 油 水 葉の裏にワセリンをぬった枝

Ⓓ 油 水 葉をすべて取った枝

Check!

ワセリンをぬると気孔をふさぎ，葉の蒸散をおさえることができる。水面に油を入れるのは，水の蒸発を防ぐためである。

 知っておきたい 蒸散は主に葉で行われているが，茎でもわずかに行われている。

⑤ 植物のからだのつくりと水の吸収・移動 ★★★

丸暗記
水は, 根の先端の根毛で吸収され, 茎の維管束の道管を通って, 葉へ運ばれる。そして, 葉の気孔から水蒸気として空気中へ出ていく(蒸散)。

水分の吸収と移動	組織	解説
（図）	葉 気孔	・三日月形をした孔辺細胞に囲まれている。 ・一般に葉の表より裏に多い。 ・水のほかに酸素, 二酸化炭素の出入り口。
	茎 道管	・葉では上側に, 茎では内側に分布する。 ・水や水に溶けた養分の通り道である。
	根 根毛	・根の先端にある細かい毛のような組織。 ・水分のほかに水に溶けた養分も吸収する。

知っておきたい
蒸散によって, 根からの水の吸収がさかんになる。

テストで注意

Q 蒸散がさかんに行われるのは, 植物のどこか。 → → → **A** 葉の裏側

最重要事項 暗記

水の旅 今度は気候で
水の移動　　　　根毛　道管　　気孔

とりやめだ

水は, 根毛→道管→気孔と移動する。

☑ チェックテスト

part
1
🔍 電流と
その利用

part
2
化学変化と
原子・分子

part
3
🏃 生物のからだの
つくりとはたらき

part
4
❄ 天気と
その変化

解答

□ ❶ 植物はからだに必要な水を，根のどこから吸収するか。

❶ 根毛

□ ❷ ❶から吸収された水は，植物のどこを通って運ばれるか。

❷ 道管

□ ❸ ❷は茎の内側と外側のどちらに分布するか。

❸ 内側

□ ❹ ①栄養分を通す管を何というか。②また，それは葉では，葉の上側と下側のどちらに分布するか。

❹ ①師管
②下側

□ ❺ 道管と師管の２つの管を合わせて何というか。

❺ 維管束

□ ❻ 右の図は，ホウセンカの茎の横断面の模式図を示したものである。①〜④の部分のそれぞれの名称を答えよ。

❻ ①形成層
②道管
③師管
④維管束

□ ❼ 植物体内の水は，①からだのどこから，②どのような形で排出されるか。

❼ ①気孔
②水蒸気

□ ❽ 気孔をとり囲んでいる三日月形をした細胞を，特に何細胞というか。

❽ 孔辺細胞

□ ❾ 気孔は一般的に，葉の表と裏とでは，どちらに多く分布するか。

❾ 裏

□ ❿ 水のほかに，気孔から出入りする気体をすべて答えよ。

❿ 酸素，二酸化炭素

□ ⓫ 水分が植物体の気孔から水蒸気になって排出される現象を何というか。

⓫ 蒸散

📝□ ⓬ 蒸散によるはたらきを，体内の水を排出すること以外に１つ書け。

⓬ (例)根から水が吸い上げられるはたらき。

□ ⓭ 同じ大きさ，同じ枚数の葉をつけた２本の枝をそれぞれ㋐，㋑とし，㋐葉の表にワセリンをぬる，㋑葉の裏にワセリンをぬる，という操作を行った。それぞれを同量の水が入った試験管に入れておくと，数時間後に水が多く減ったのは㋐と㋑のどちらか。

⓭ ㋐

17. 植物の光合成と呼吸

🖉 図解チェック

① 光合成 ★★★

❶ 光合成…植物が光を利用してデンプンなどの栄養分をつくるはたらきを光合成という。

❷ 光合成でつくられるもの…デンプンと酸素がつくられる。次の実験で確かめることができる。

デンプンはヨウ素液により青紫色に染まるよ。

●デンプンを確かめる実験

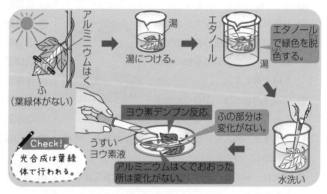

●酸素を確かめる実験

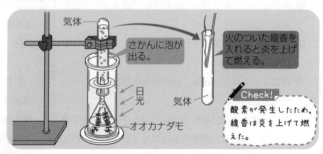

丸暗記　光合成では、デンプンと酸素がつくられる。

得点 **UP!**
● 光合成のはたらきを覚えよう。
● 光合成に関する実験をおさえておこう。

② 光合成で使われるもの ★★★

光合成では，二酸化炭素が使われる。

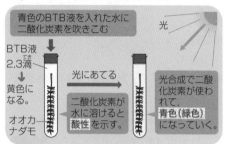

青色のBTB液を入れた水に二酸化炭素を吹きこむ

BTB液
2,3滴
↓
黄色になる。

オオカナダモ

光にあてる →

二酸化炭素が水に溶けると酸性を示す。

光合成で二酸化炭素が使われて，青色(緑色)になっていく。

Check!
BTB液はもともと青色に調整されている。光合成によって溶けていた二酸化炭素が使われるため，BTB液はもとの青色にもどる。

丸暗記

BTB液の変化	酸性	中性	アルカリ性
色の変化	黄色	緑色	青色

③ 光合成のしくみ ★★★

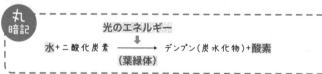

丸暗記

$$水 + 二酸化炭素 \xrightarrow[\text{(葉緑体)}]{\text{光のエネルギー}} デンプン(炭水化物) + 酸素$$

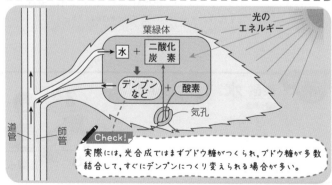

光のエネルギー

葉緑体

水 + 二酸化炭素

デンプンなど + 酸素

気孔

道管　師管

Check! 実際には，光合成ではまずブドウ糖がつくられ，ブドウ糖が多数結合して，すぐにデンプンにつくり変えられる場合が多い。

④ 植物の呼吸と光合成 ★

❶ 植物の呼吸…植物も，動物と同様に呼吸をしている。これは，次の実験で確かめることができる。

①袋Aに空気と植物，袋Bに空気のみを入れ，口を閉じ，光のあたらないところにしばらく置く。

②袋A，B内の空気を試験管A，B内の石灰水にそれぞれおし出す。

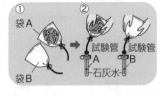

③試験管Bでは石灰水は変化しなかったが，試験管Aでは石灰水が白く濁った。

❷ 光合成と呼吸…昼は，光合成のほうが呼吸よりさかんに行われる。夜は，光合成が行われず，呼吸だけが行われる。

▲光合成と呼吸

知っておきたい

呼吸では光合成とは逆に酸素をとり入れ，二酸化炭素を出す。呼吸は一日中行われている。

最重要事項暗記

炭酸 水 光にあてよう
二酸化炭素

3分間
酸素 デンプン

光合成のしくみは，

二酸化炭素＋水 —光→ デンプン＋酸素

3分

光

炭酸水

☑チェックテスト

解答

□ ❶ 緑色植物に光をあてると①何という栄養分がつくられるか。②また,植物のそのはたらきを何というか。

❶ ①デンプン
②光合成

□ ❷ ①デンプンの有無を調べるための薬品名を答えよ。②また,デンプンがあるとき,それはどんな色を示すか。

❷ ①ヨウ素液
②青紫色

□ ❸ 葉の中でデンプンがつくられることを調べる実験で,植物の緑色を脱色するために何を用いるか。

❸ エタノール

記述 □ ❹ 植物に光をあてると発生する気体を試験管に集めて,火のついた線香を入れた。火のついた線香はどのようになるか。

❹ (例)炎を上げて燃えた。

□ ❺ ❹の結果から,発生した気体は何か。

❺ 酸素

□ ❻ BTB液を入れた水に二酸化炭素を吹きこんで黄色に調節したあと,オオカナダモを入れて光をあてた。数時間後,液の色は何色を示すか。

❻ 青色(緑色)

□ ❼ 光合成が行われる細胞内の部分(構造)を答えよ。

❼ 葉緑体

□ ❽ 次の光合成の式を完成させよ。

$$\boxed{①} + 水 \xrightarrow[(葉緑体)]{光のエネルギー} \boxed{②} + 酸素$$

❽ ①二酸化炭素
②デンプン

□ ❾ 植物の呼吸はいつ行われるか。

❾ 一日中

記述 □ ❿ 下の図のように,アサガオの葉を切り取って光合成の実験を行った。図のAで,葉をエタノールの中に入れるのはなぜか。

❿ (例)脱色するため。

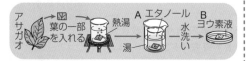

アサガオ → 葉の一部を入れる → 熱湯 → A エタノール 湯 水洗い → B ヨウ素液

□ ⓫ ❿の実験について,Bでは,葉の色が青紫色に変化した。このことから,何の存在が確かめられたか。

⓫ デンプン

□ ⓬ 光合成は,葉にある(①)で光のエネルギーにより水と(②)からデンプンをつくる反応である。

⓬ ①葉緑体
②二酸化炭素

part 1 電流とその利用

part 2 化学変化と原子・分子

part 3 生物のからだのつくりとはたらき

part 4 天気とその変化

part3
生物のからだの
つくりとはたらき

18. 消化と吸収

📎 図解チェック

1 ヒトの消化管と消化液 ★★★

❶ 消化…食物に含まれている栄養分をからだに吸収されやすい形に分解することと。

❷ 消化管と消化液…口や胃などの食物の通り道を**消化管**という。消化管にはところどころ**消化液**を出す消化腺とつながる部分がある。

丸暗記 胆汁以外の消化液には決まった物質にだけはたらく**消化酵素**が含まれる。

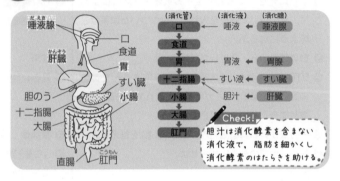

唾液腺	（消化管）	（消化液）	（消化腺）
口 肝臓 食道 胃 すい臓 胆のう 小腸 十二指腸 大腸 直腸 肛門	口 → 食道 → 胃 → 十二指腸 → 小腸 → 大腸 → 肛門	唾液 ← 胃液 ← すい液 ← 胆汁 ←	唾液腺 胃腺 すい臓 肝臓

✏ Check!
胆汁は消化酵素を含まない
消化液で、脂肪を細かくし
消化酵素のはたらきを助ける。

2 栄養分の吸収 ★★

消化された栄養分は小腸にある**柔毛**から吸収される。

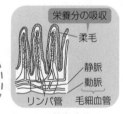

栄養分の吸収
柔毛
静脈
動脈
リンパ管
毛細血管

✏ Check!
柔毛があるため小腸の内側の表面積は大きくなり、効率良く吸収することができる。

丸暗記 柔毛で吸収されたブドウ糖とアミノ酸は**毛細血管**に、脂肪酸とモノグリセリドは、再び脂肪となって**リンパ管**に吸収される。

得点 UP!
● 食物が消化される流れを確かめよう。
● どのように栄養分が吸収されるかおさえておこう。

③ 吸収された栄養分の流れ★

❶ ブドウ糖・アミノ酸…柔毛の**毛細血管**から吸収された後，**肝臓**へ運ばれる。一部は貯蔵され，一部は全身の細胞へ送られる。

❷ 脂肪酸・モノグリセリド…脂肪として柔毛の**リンパ管**に吸収された後，血管に入り全身の細胞へ送られる。

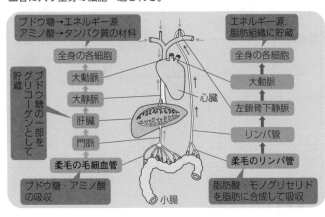

ブドウ糖→エネルギー源
アミノ酸→タンパク質の材料

全身の各細胞
大動脈
大静脈
肝臓 ←貯蔵 ブドウ糖の一部をグリコーゲンとして
門脈

柔毛の毛細血管

ブドウ糖・アミノ酸の吸収

エネルギー源，脂肪組織に貯蔵

全身の各細胞
大動脈
左鎖骨下静脈
リンパ管

柔毛のリンパ管

脂肪酸・モノグリセリドを脂肪に合成して吸収

心臓

小腸

④ 肝臓のはたらき★★

丸暗記

肝臓には，主に次の機能がある。
①**胆汁の分泌**
②栄養分の合成や貯蔵
③解毒作用
④尿素の形成

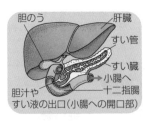

胆のう　　　肝臓
すい管
すい臓
胆汁や　　　小腸へ
すい液の出口（小腸への開口部）　十二指腸

知っておきたい　　胆汁は肝臓で生成され，胆のうに貯蔵されたあと，十二指腸に分泌され，脂肪の消化を助ける。

part 1 電流とその利用
part 2 化学変化と原子・分子
part 3 生物のからだのつくりとはたらき
part 4 天気とその変化

⑤ 栄養分と消化酵素 ★★

消化酵素のはたらきを
覚えよう!!

丸暗記 消化によって，デンプンはブドウ糖に，タンパク質はアミノ酸に，脂肪は脂肪酸とモノグリセリドに分解される。

消化器官	口	胃	十二指腸	小腸	(最終 分解物)	吸収
消化液	唾液	胃液	すい液			
デンプン	〔アミラーゼ〕 → 麦芽糖		〔アミラーゼ〕 麦芽糖	〔マルターゼ〕 (サッカラーゼ)	ブドウ糖	小腸の柔毛の毛細血管
ショ糖					ブドウ糖 果糖	
タンパク質	〔ペプシン〕 ペプトン		〔トリプシン〕 ポリペプチド	〔ペプチダーゼ〕	アミノ酸	
脂肪			〔リパーゼ〕 ⇧(胆汁)		脂肪酸 モノグリセリド	小腸の柔毛のリンパ管

テストで注意

Q 唾液中に含まれる，デンプンを分解する消化酵素は何か。 → → → **A** アミラーゼ

最重要事項 暗記

網で (アミノ酸) **ブドウ** (ブドウ糖) **収穫したら**

細い管へ (毛細血管)

アミノ酸・ブドウ糖は柔毛の毛細血管から吸収される。

82 | part3 | 生物のからだのつくりとはたらき

part
1
電流とその利用

part
2
化学変化と原子・分子

part
3
生物のからだのつくりとはたらき

part
4
天気とその変化

☑チェックテスト

解答

□ ❶ ヒトの消化管は，口→（①　　　）→（②　　　）→十二指腸→（③　　　）→大腸→肛門と続く。

□ ❷ 消化液中に含まれ，食物を吸収しやすいように分解する物質を何というか。

□ ❸ 唾液中の消化酵素を何というか。

□ ❹ 消化酵素を含まないが，脂肪を細かい粒子に変えて消化酵素のはたらきを助ける消化液は何か。

□ ❺ 柔毛の毛細血管から吸収される栄養素をすべて答えよ。

□ ❻ 脂肪酸とモノグリセリドが合成されてできた脂肪が吸収される，柔毛の管を何というか。

□ ❼ 大腸から主に吸収される物質は何か。

□ ❽ ブドウ糖とアミノ酸が吸収された後，全身の細胞に送られる前に送られる場所はどこか。

□ ❾ ブドウ糖の一部は肝臓で（　　　）として貯蔵される。

□ ❿ 胃液がはたらくのは，デンプン，タンパク質，脂肪のどれか。

□ ⓫ デンプンは消化されて最終的に何という物質にまで分解されるか。

□ ⓬ タンパク質は消化されて最終的に何という物質にまで分解されるか。

□ ⓭ 右の図は，ヒトの小腸の内側にあるひだを表したものである。図のAの部分を（①　　　）という。Aで吸収されたブドウ糖と（②　　　）は（③　　　）に，脂肪酸と（④　　　）は，再び脂肪となって（⑤　　　）に吸収される。Aがあることで小腸の内側の（⑥　　　）は大きくなっている。

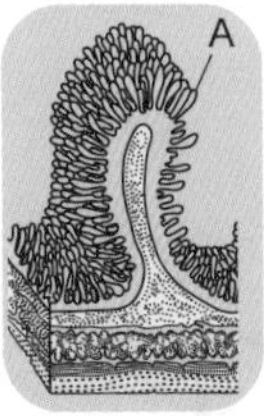

❶ ①食道
　②胃
　③小腸

❷ 消化酵素

❸ アミラーゼ

❹ 胆汁

❺ ブドウ糖
　アミノ酸

❻ リンパ管

❼ 水

❽ 肝臓

❾ グリコーゲン

❿ タンパク質

⓫ ブドウ糖

⓬ アミノ酸

⓭ ①柔毛
　②アミノ酸
　③毛細血管
　④モノグリセリド
　⑤リンパ管
　⑥表面積

19. 動物の呼吸とそのしくみ

図解チェック

1 ヒトの肺のつくり ★★★

❶ 肺のはたらき…肺では，
空気中の酸素をとり入れ
体内の二酸化炭素を放出
する**呼吸**を行っている。

❷ 肺のつくり…空気は**気管**から肺へとり入れられる。気管は左右の肺に入ると2つに分かれ，**気管支**となる。気管支はさらに細かく分かれている。気管支の先端（せんたん）は**肺胞**（はいほう）になっている。酸素と二酸化炭素のガス交換（こうかん）は，肺胞の**毛細血管**で行われる。

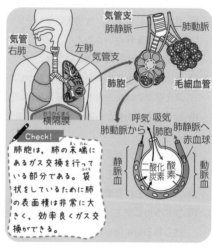

Check!

肺胞（はう）は，肺の末端（まったん）にあるガス交換を行っている部分である。袋（ふくろ）状をしているために肺の表面積は非常に大きく，効率良くガス交換ができる。

2 呼吸のしくみ ★★

❶ 外呼吸…肺などでからだの中に酸素をとり入れる呼吸。

❷ 細胞（さいぼう）の呼吸（内呼吸）…体内の細胞と血液とのガス交換を細胞の呼吸（内呼吸）という。からだの中の1つ1つの細胞は，酸素を使って栄養分から**エネルギー**をとり出している。このとき，二酸化炭素と水ができる。

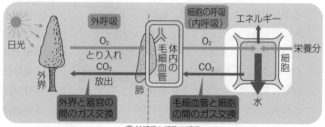

▲ 外呼吸と細胞の呼吸

得点 UP!
● 外呼吸，細胞の呼吸のちがいを理解しよう。
● 肺呼吸のしくみを確認しよう。

part 1 電流とその利用

part 2 化学変化と原子・分子

part 3 生物のからだのつくりとはたらき

part 4 天気とその変化

③ セキツイ動物の呼吸器官 ★★

❶ いろいろな動物の肺呼吸…両
生類，ハ虫類，ホ乳類と進化
するにしたがい肺胞の数が
多くなり，ガス交換の効率が
よくなる。

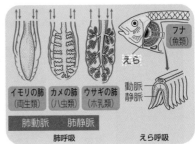

イモリの肺（両生類） カメの肺（ハ虫類） ウサギの肺（ホ乳類）

肺動脈 肺静脈

肺呼吸

フナ（魚類）
えら
動脈
静脈

えら呼吸

❷ えら呼吸…えら呼吸では，え
らで水に溶けている酸素を
とりこみ，二酸化炭素を水に
溶かして排出している。

④ ヒトの肺呼吸のしくみ ★★★

丸暗記 ヒトの肺呼吸は，胸腔をとりまいているろっ骨と横隔膜の運動で
行われる。

❶ 息をはくとき…横隔膜が上がり，ろっ骨が下がることで胸腔がせまくなる。

❷ 息を吸うとき…横隔膜が下がり，ろっ骨が上がることで胸腔が広くなる。

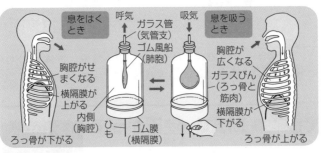

息をはくとき
呼気
ガラス管（気管支）
ゴム風船（肺胞）
胸腔がせまくなる
横隔膜が上がる
内側（胸腔）
ひも
ゴム膜（横隔膜）
ろっ骨が下がる

吸気
息を吸うとき
胸腔が広くなる
ガラスびん（ろっ骨と筋肉）
横隔膜が下がる
ろっ骨が上がる

テストで注意

Q ガラスびんのモデル図で，横隔膜に
あたるものは何か。 →→→ A ゴム膜

いろいろな呼吸の方法が
あるね。

呼吸の形態	主な呼吸器官	動物の例
皮膚呼吸	なし 〈ミミズ〉 食道 湿っている皮膚 腸	ミミズ クラゲ
えら呼吸	えら 〈ハマグリ〉 えら 出水管 入水管	カニ エビ 魚類 両生類の幼生
気管呼吸	気管 〈バッタ〉 気管 気門	昆虫類 クモ類
肺呼吸	肺 〈ハト〉 肺	両生類の成体 ハ虫類 鳥類 ホ乳類

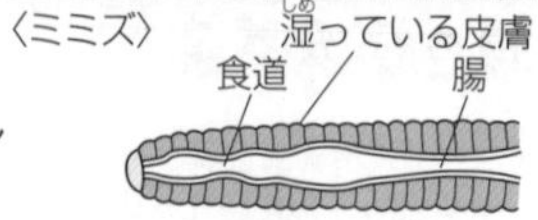

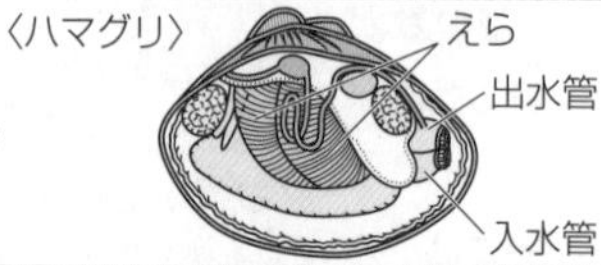

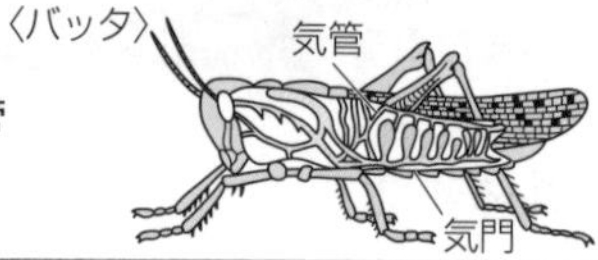

Check!

呼吸の方法が異なっても，酸素をとり入れ二酸化炭素を排出すると
いうことは一致している。

知って
おきたい

両生類は，幼生のときのえら呼吸，成体のときの肺
呼吸に加えて，皮膚呼吸も行っている。

最重要事項
暗記

幕上げて 6歩下がって
横隔膜   ろっ骨

息をはく

横隔膜が上がり，ろっ骨が下がることで
息がはき出される。

part
1
電流と
その利用

part
2
化学変化と
原子・分子

part
3
生物のからだの
つくりとはたらき

part
4
天気と
その変化

☑ チェックテスト

解答

□ ❶ ヒトの肺のつくりについて，気管が左右に分かれたものを何というか。

❶ 気管支

□ ❷ ❶の先端にある，袋状をしておりガス交換を行っている部分を何というか。

❷ 肺胞

記述 □ ❸ ❷は袋状をしているため表面積が非常に大きくなっている。このことは，ガス交換を行う上でどのような利点があるか。

❸ （例）空気に触れる面積が多くなるため，ガス交換を効率よく行うことができる点。

□ ❹ 呼吸とは，生命活動に必要なエネルギーを（　　）内でつくり出すはたらきである。

❹ 細胞

□ ❺ 細胞から毛細血管内に排出される気体は何か。

❺ 二酸化炭素

□ ❻ カエルは，おたまじゃくしのときは（①　　）呼吸をし，成体になると（②　　）呼吸をし，不足分を（③　　）呼吸で補っている。

❻ ①えら
②肺
③皮膚

□ ❼ セキツイ動物で，成体が肺呼吸をしないのは（　　）だけである。

❼ 魚類

□ ❽ ❼の動物は，からだのどこで呼吸を行っているか。

❽ えら

□ ❾ 外界と器官とのガス交換を（①　　）といい，体内の細胞と血液とのガス交換を（②　　）という。

❾ ①外呼吸
②細胞の呼吸（内呼吸）

□ ❿ ヒトは（①　　）とろっ骨を上下させることによって，（②　　）を広げたり，せばめたりして呼吸し，肺でガス交換をしている。

❿ ①横隔膜
②胸腔

□ ⓫ 右の表はヒトの吸う息とはく息に含まれる気体の体積の割合を表している。表の⑦，⑦にあてはまる気体の名称を答えよ。

〈ヒトの吸う息とはく息に含まれる気体の体積の割合（%）〉

気体の種類	吸う息	はく息
窒素	76.02	76.50
⑦	20.95	16.40
⑦	0.03	4.10
その他	3.00	3.00

⓫ ⑦酸素
⑦二酸化炭素

□ ⓬ 酸素と二酸化炭素のガス交換は，肺にある小さな袋状の（①　　）の（②　　）血管で行われる。

⓬ ①肺胞
②毛細

part**3**

生物のからだの
つくりとはたらき

20. 血液 と その循環

月　　日

図解チェック

① 血液の成分とはたらき ★★★

丸暗記 血液は，赤血球，白血球，血小板などの血球(固体)と，血しょうという液体からできている。

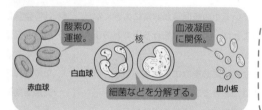

酸素の運搬。

核

血液凝固に関係。

白血球

赤血球

細菌などを分解する。

血小板

Check!
血しょうは栄養分，二酸化炭素の運搬を行っている。

② ヒトの心臓 ★

❶ 動脈血と静脈血…酸素が多く含まれる血液を**動脈血**といい，二酸化炭素が多く含まれる血液を**静脈血**という。

❷ 拍動…心臓の動きを**拍動**といい，心房・心室が交互に縮んだり広がったりすることで起こる。拍動によって全身に血液が送り出される。

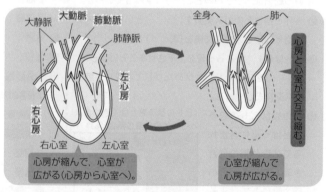

大静脈　大動脈　肺動脈
肺静脈
左心房
右心房
右心室　左心室

心房が縮んで，心室が広がる(心房から心室へ)。

全身へ　　肺へ

心房と心室が交互に縮む。

心室が縮んで心房が広がる。

知っておきたい
血液を送り出しているのが心室で，血液が流れこんでいるのが心房である。

得点UP!
● 血液の循環のようすを確認しよう。
● 不要物の排出のようすを確認しよう。

③ 血管のつくり★★

❶ 動脈…心臓から送り出される血液が流れる血管を動脈という。動脈の壁は厚く，筋肉が発達している。

❷ 静脈…心臓にもどる血液が流れる血管を静脈という。血流がおそいためところどころに弁があり，逆流を防いでいる。

❸ 毛細血管…動脈と静脈をつなぐ細い血管。

動脈　静脈
弁
逆流を防ぐ。

Check!
毛細血管の壁はうすく，血しょうがしみだして細胞のまわりを満たしている。この液体を組織液という。

④ 腎臓のつくりと排出★★

❶ 排出…体内の不要物を体外に出すはたらきを排出という。ヒトでは主に二酸化炭素とアンモニアが不要物である。二酸化炭素は呼吸によって排出される。

❷ アンモニアの排出…有害なアンモニアは肝臓で害の少ない尿素に変えられ，血液に溶かされて腎臓に運ばれる。腎臓では血液をろ過し，余分な水分や塩分とともに尿素をこしとる。それらの不要物は尿になり，ぼうこうにためられた後，排出される。

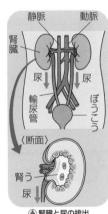
静脈　動脈
腎臓
尿　尿
輸尿管　ぼうこう
〈断面〉
腎う
尿
▲腎臓と尿の排出

知っておきたい　アンモニアは，窒素を含むタンパク質が分解されるときにできる。

⑤ 肺循環と体循環 ★★

肺を通るのが肺循環,
全身を通るのが体循環だよ。

❶ 肺循環…心臓から出た血液が肺に送られ, 肺から心臓にもどる経路。右心室→肺動脈→肺→肺静脈→左心房という順に流れる。

❷ 体循環…心臓から出た血液が全身に送られ, その後心臓にもどる経路。左心室→大動脈→全身→大静脈→右心房という順に流れる。

> **✎ Check!**
>
> 血液は肺で酸素をとり入れて動脈血になるため, 肺動脈を流れる血液は静脈血, 肺静脈を流れる血液は動脈血である。

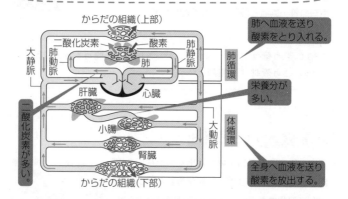

からだの組織(上部)

肺へ血液を送り酸素をとり入れる。

二酸化炭素　酸素

大静脈　肺動脈　肺静脈　肺　肺循環

肝臓　心臓

栄養分が多い。

二酸化炭素が多い。

小腸

腎臓

大動脈　体循環

全身へ血液を送り酸素を放出する。

からだの組織(下部)

> **知っておきたい**
>
> いちばん多く栄養分が含まれる血液が流れる血管は小腸から肝臓へ向かう門脈(肝門脈)である。

最重要事項 暗記

<u>独房</u>に **受け入れ**
心房

下の<u>室</u>から**送り出す**
心室

心臓では, 上の心房に血液が流れこみ, 下の心室から血液を送り出している。

入れ

出る

part 1
電流とその利用

part 2
化学変化と原子・分子

part 3
生物のからだのつくりとはたらき

part 4
天気とその変化

☑ チェックテスト

解答

記 □ ❶ 赤血球のはたらきを答えよ。

□ ❷ 栄養分や二酸化炭素の運搬を行う，血液の液体部分を何というか。

□ ❸ 血液が凝固するときにはたらく，血液の固体成分を何というか。

□ ❹ 右の図で，①左心房と②右心室はア〜エのどこか。

□ ❺ 右の図で，A，B，Cの血管名を答えよ。

□ ❻ 血管には（①　　　）と動脈があり，①には逆流を防ぐために（②　　　）がある。

□ ❼ 二酸化炭素を多く含む血液を何というか。

□ ❽ 酸素を多く含む血液を何というか。

□ ❾ ❽が流れているのは，肺動脈と肺静脈のどちらか。

□ ❿ 心臓を出て全身をめぐり心臓にもどる血液の循環を何というか。

□ ⓫ 心臓を出て肺で酸素と二酸化炭素の交換を行い，心臓にもどる血液の循環を何というか。

□ ⓬ 血液をろ過し，不要物をこしとる器官を（①　　　）といい，①はこしとった（②　　　）などを尿として輸尿管を通じてぼうこうに送っている。

□ ⓭ 右の図中の血管a〜dのうち，栄養分を最も多く含む血液が流れる血管はどれか。記号と名称を答えよ。

□ ⓮ 右の図中の血管a〜dのうち，酸素を最も多く含む血液が流れる血管はどれか。記号と名称を答えよ。

❶ 酸素を運ぶ。

❷ 血しょう

❸ 血小板

❹ ①イ
　②ウ

❺ A 大静脈
　B 肺動脈
　C 肺静脈

❻ ①静脈
　②弁

❼ 静脈血

❽ 動脈血

❾ 肺静脈

❿ 体循環

⓫ 肺循環

⓬ ①腎臓
　②尿素

⓭ d，門脈
　（肝門脈）

⓮ b，肺静脈

part3

生物のからだの
つくりとはたらき

21. 行動するためのしくみ

📎 図解チェック

① 感覚器官 ★★

❶ 感覚器官…外界からのさまざまな刺激を受けとる器官を感覚器官という。ヒトは，目，耳，鼻，舌，皮膚などの感覚器官をもつ。鼻はにおいの刺激を，舌は味の刺激を，皮膚は圧力や温度などの刺激を受けとる。

❷ 感覚細胞…感覚器官は刺激を受けとる感覚細胞をもつ。受けとった刺激は感覚神経を通して脳へ送られる。

❸ ヒトの目のつくり…光をレンズに通すことで網膜に像を結ぶ。網膜には感覚細胞があり，受けとった刺激は視神経を通して脳へ送られる。虹彩ではひとみの大きさを変え，レンズに入る光の量を調節する。

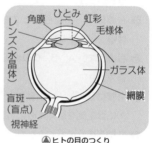

▲ヒトの目のつくり

❹ ヒトの耳のつくり…鼓膜で空気の振動をとらえ，耳小骨を通してうずまき管内に伝える。うずまき管には感覚細胞があり，受けとった刺激は聴神経を通して脳へ送られる。

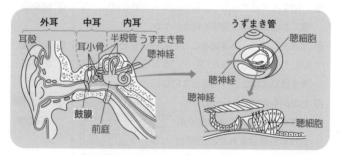

知って
おきたい

耳にはからだの平衡を保つ役割もあり，前庭で傾きの向きや大きさ，半規管で回転の方向や速度を感じている。

得点 UP!
● ヒトの目の構造を確認しておこう。
● 刺激が伝わる経路をおさえておこう。

part
1
電流とその利用

part
2
化学変化と原子・分子

part
3
生物のからだのつくりとはたらき

part
4
天気とその変化

② 腕の運動と骨格，筋肉 ★★

❶ 骨格と筋肉…ヒトなどがもつ，からだの内部にある骨格を**内骨格**という。
骨格には，からだを支えたり内臓などを保護する役割がある。骨格と筋肉によって運動をすることができる。

❷ 運動のしくみ…腕やあしなどの運動器官の曲げ伸ばしは，対になっている筋肉の収縮によって起こる。片方の筋肉が収縮するとき，もう片方の筋肉がゆるむことで運動することができる。

上腕二頭筋
収縮する
ゆるむ
けん
けん
上腕三頭筋
▲曲げるとき

ゆるむ
関節
収縮する
▲伸ばすとき

Check!
骨格につく筋肉を骨格筋という。骨格筋の両端はけんという筋肉と骨をつなぐ部分になっている。

③ 刺激に反応するしくみ ★★★

感覚器官で受けとった刺激は，信号として**感覚神経**を通して**脳**や**脊髄**などの**中枢神経**に送られる。そこでどう反応するかという命令の信号が出される。信号は**運動神経**を通して**運動器官**へ伝えられ，反応が起こる。

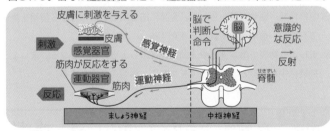

皮膚に刺激を与える
皮膚
刺激
感覚器官
筋肉が反応をする
運動器官
筋肉
反応
感覚神経
運動神経
脳で判断と命令
脳
意識的な反応
反射
脊髄
ましょう神経
中枢神経

知っておきたい
刺激に対する反応には，大脳が命令を出す意識的な反応と，脊髄が命令を出す無意識に起こる反応の**反射**がある。

④ 反射のしくみ ★★★

反射のおかげで，危険からすばやく避難できるよ。

丸暗記

生物が生まれながらにして備えた，刺激に対して無意識に起こる行動を反射という。

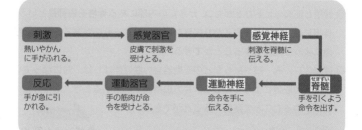

刺激	→	感覚器官	→	感覚神経
熱いやかんに手がふれる。		皮膚で刺激を受けとる。		刺激を脊髄に伝える。

反応	←	運動器官	←	運動神経	←	脊髄
手が急に引かれる。		手の筋肉が命令を受けとる。		命令を手に伝える。		手を引くよう命令を出す。

Check!

反射では刺激の信号を受けとった脊髄が命令を出すので，意識的な反応と比べて反応が起こるまでの時間が短い。

知っておきたい

食物を口の中に入れると唾液が出ることや，暗い所で目のひとみが大きくなることも反射である。

⑤ 中枢神経と末しょう神経 ★

❶ 中枢神経…脳や脊髄からなる。全身にある末しょう神経から情報を集めて判断し，命令を出すはたらきをする。

❷ 末しょう神経…感覚神経や運動神経は末しょう神経からなる。末しょう神経は中枢神経とからだ全体をつなぎ，情報の伝達をする。

最重要事項
暗記

反射的 <u>セキセイインコが</u>
　　　　　　　脊髄

命令下す

鳴け！

反射の反応では，脊髄から命令が出される。

☑ チェックテスト

解答

□ ❶ 目や耳など，外界からの刺激を受けとる器官を総称して何というか。

❶ 感覚器官

□ ❷ ヒトにおいて，においの刺激を受けとるのはどの器官か。

❷ 鼻

□ ❸ ヒトにおいて，圧力や温度などの刺激を受けとるのはどの器官か。

❸ 皮膚

□ ❹ 刺激を受けとる細胞を何というか。

❹ 感覚細胞

□ ❺ ヒトの目で，①光を集めるはたらきがあるのはどこか。また，②光や色を感じる細胞があるのはどこか。

❺ ①レンズ
（水晶体）
②網膜

□ ❻ ヒトの耳で，①実際に音の振動を受けとっているのはどこか。また，②からだの回転を感知しているのはどこか。

❻ ①鼓膜
②半規管

□ ❼ 骨格につく筋肉を何というか。

❼ 骨格筋

□ ❽ 腕を曲げるとき，対になっている一方の筋肉がゆるんだとすると，もう一方の筋肉はどうなるか。

❽ 収縮する

□ ❾ ❼の両端の，筋肉と骨をつなぐ部分を何というか。

❾ けん

□ ❿ 神経系は，脳や脊髄などの（① ）神経と，それ以外の（② ）神経の2つに分類できる。

❿ ①中枢
②末しょう

□ ⓫ 中枢神経から発せられた命令を筋肉に伝える神経を何というか。

⓫ 運動神経

□ ⓬ 熱いやかんに手がふれたとき，とっさに手を引っこめた。このとき，やかんにふれたという刺激は，（① ）神経→（② ）→（③ ）神経と伝わる。

⓬ ①感覚
②脊髄
③運動

□ ⓭ ネコの目のひとみの大きさが変化するのは，目の（① ）の部分のはたらきによる。また，ひとみの大きさが変化することにより，（② ）が調節される。このような無意識に起こる反応を（③ ）という。

明るい所 ⟷ 暗い所

⓭ ①虹彩
②（目に入る）光の量
③反射

📝 まとめテスト

月　日

解答

□ ❶ 植物細胞と動物細胞のつくりにおいて，植物細胞にだけ見られるものは何か。

❶ 細胞壁，液胞，葉緑体

□ ❷ 細胞の観察において，酢酸オルセイン液などの染色液に染まる部分を何というか。

❷ 核

□ ❸ 細胞において，細胞膜を含む核以外の部分を何というか。

❸ 細胞質

□ ❹ 同じような形とはたらきをもった細胞の集まりを何というか。

❹ 組織

□ ❺ ❹が集まって，ある特定のはたらきをするものを何というか。

❺ 器官

□ ❻ 植物の，水や水に溶けた養分を運ぶ管を(① 　　)といい，葉でつくられた栄養分を運ぶ管を(② 　　)という。

❻ ①道管
　②師管

□ ❼ ❻の①，②を合わせたものを何というか。

❼ 維管束

□ ❽ 右の図のAは，葉の(① 　　)に多く見られる(② 　　)である。②で，水蒸気や酸素，(③ 　　)などの気体が出入りする。

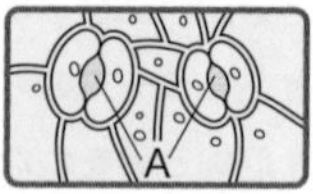

❽ ①裏側
　②気孔
　③二酸化炭素

□ ❾ 光合成は，葉などの(① 　　)で行われ，水と(② 　　)から，光のエネルギーを利用して(③ 　　)とデンプンをつくるはたらきである。

❾ ①葉緑体
　②二酸化炭素
　③酸素

□ ❿ 光合成を調べる実験をするとき，二酸化炭素の消費を確認するには，石灰水以外にどんな試薬が適当か。

❿ BTB液

□ ⓫ 黄色に調整した❿の試薬を入れた水の中にオオカナダモを入れて光合成を行わせた。数時間後，液の色は何色になっているか。

⓫ 青色(緑色)

□ ⓬ ヒトの消化管は，(① 　　)→食道→(② 　　)→十二指腸→小腸→(③ 　　)→肛門　と続く。

⓬ ①口
　②胃
　③大腸

□ ⓭ 消化液に含まれ，食物を分解する物質を(① 　　)といい，唾液中に含まれる①は(② 　　)である。

⓭ ①消化酵素
　②アミラーゼ

□ ⑭ ヒトの肺に無数にあり,効率的なガス交換を行っている袋状のものは何か。

記述 □ ⑮ ⑭のつくりがあることで,効率的なガス交換ができるのはなぜか。

□ ⑯ 息を吸うとき,横隔膜は上がるか,下がるか。

□ ⑰ 外呼吸とは(①   )をとり入れ,(②   )を放出することである。

□ ⑱ 心臓→肺→心臓の血液の流れを(①   )といい,肺では(②   )が行われる。

□ ⑲ 魚類では(①   )呼吸が,バッタなどの昆虫類では(②   )呼吸が行われている。

□ ⑳ 外界からの刺激を受けとる器官を何というか。

□ ㉑ 神経系には,脳や脊髄などから構成された(①   )と,感覚器官や運動器官に枝分かれして全身にいきわたる(②   )がある。

□ ㉒ 刺激に対して,脊髄によって起こる反応を何というか。

□ ㉓ 体内に生じたアンモニアなどの有害な物質を無害な物質に変えているのは何という器官か。

□ ㉔ 血液をろ過して尿素などの老廃物をこしとる器官は何か。

□ ㉕ 血流のおそい静脈にある,逆流を防ぐためのものを何というか。

□ ㉖ ヒトの目にある,ひとみの大きさを変えて目に入る光の量を調節する部分を何というか。

□ ㉗ ヒトの目の,感覚細胞がある部分を何というか。

□ ㉘ ヒトの耳にある,空気の振動をとらえる部分を何というか。

□ ㉙ ヒトの耳の,感覚細胞がある部分を何というか。

□ ㉚ 骨格につく筋肉を何というか。

□ ㉛ ㉚の両端にある,骨とつながる部分を何というか。

⑭ 肺胞

⑮ (例)肺の表面積が大きくなるから。

⑯ 下がる

⑰ ①酸素 ②二酸化炭素

⑱ ①肺循環 ②ガス交換

⑲ ①えら ②気管

⑳ 感覚器官

㉑ ①中枢神経 ②末しょう神経

㉒ 反射

㉓ 肝臓

㉔ 腎臓

㉕ 弁

㉖ 虹彩

㉗ 網膜

㉘ 鼓膜

㉙ うずまき管

㉚ 骨格筋

㉛ けん

天気と
その変化

22. 圧力と そのはたらき

🖉 図解チェック

① 面に加わる力★

スポンジの上にレンガをいろいろな置き方で置くと，スポンジのへこみ方は変わる。

❶ おす面積が一定のとき…おす力が大きいほどスポンジのへこみは大きい。

❷ おす力が一定のとき…おす面積が小さいほどスポンジのへこみは大きい。

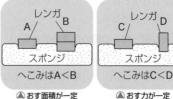

へこみはA＜B

▲おす面積が一定

へこみはC＜D

▲おす力が一定

② 圧　力★★★

丸暗記

圧力とは，単位面積あたりにはたらく力の大きさをいう。圧力の単位は，**パスカル(Pa)**，**ニュートン毎平方メートル(N/m²)** を用いる。

$$圧力[Pa，N/m^2] = \frac{力の大きさ[N]}{力がはたらく面積[m^2]}$$

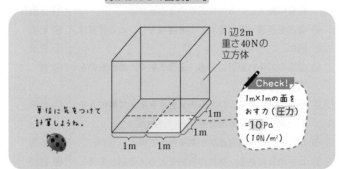

1辺2m
重さ40Nの
立方体

単位に気をつけて計算しようね。

Check!

1m×1mの面を
おす力(圧力)
=10Pa
(10N/m²)

1m
1m
1m　1m

テストで注意

Q 底面積 0.05 m²，30 N のレンガをスポンジにのせたとき，スポンジにはたらく圧力は何 Pa か。　→→→　**A** 600 Pa

● 圧力の求め方を確認しよう。
● 大気圧について知っておこう。

③ 大気圧 ★

高い山の上では大気圧は小さくなるよ。

❶ 大気圧…空気には質量があるため(0℃, 1気圧で1Lあたり約1.29 g), 空気におされることで圧力が生じる。この空気による圧力を**大気圧(気圧)**という。大気圧はあらゆる方向から同じ大きさで加わる。

❷ 大気圧の単位…大気圧は, 通常**ヘクトパスカル(hPa)**という単位を用いる。**1 hPa = 100 Pa**

丸暗記

> 海面上(高度0m)の標準的な気圧の大きさは**1013 hPa**であり, これを**1気圧**という。

❸ 高度による大気圧の大きさ

ある一定面積の上にのっている空気の量は, 地表付近ほど多く, 高度が高い場所ほど少ない。そのため, 大気圧は地表付近ほど大きく, 高度が高い場所ほど小さい。

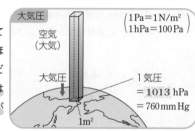

$1 Pa = 1 N/m^2$
$1 hPa = 100 Pa$

大気圧
空気(大気)
大気圧
1気圧
= 1013 hPa
= 760 mm Hg
1m²

④ 大気圧による現象 ★

次のようなものは大気圧を利用している。
❶ 吸盤…壁に吸盤がくっつくのは, 壁と吸盤との間の空気が非常に少なく気圧が低いため, 吸盤が外側から大気圧によって壁の方へおしつけられているためである。

❷ ストローを使って飲み物を飲む…ストローを吸うと, ストローの中の気圧が下がる。一方, ストローの外側の液面は大気圧によっておされているため, 気圧が小さいストローの中に飲み物が上がってくる。

Check!

> 空気の量が多い部分の気圧は高く, 空気の量が少ない部分は気圧が低い。

⑤ 大気圧と水銀柱★

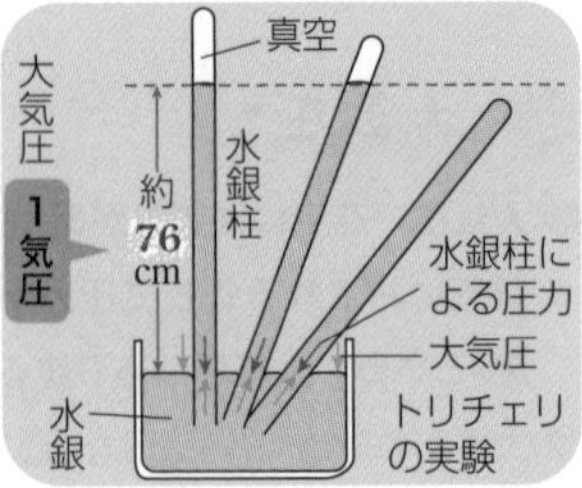

❶ **水銀柱**…1気圧のとき，一端を閉じたガラス管に**水銀**を満たし，右の図のように別に用意した水銀の容器にさかさにたてると，ガラス管の中には真空ができ，ガラス管の中の水銀は液面から約**760 mm**の高さで静止する。このことは，イタリアの科学者トリチェリ(1608～1647)によって実験・証明された。

❷ **水銀柱がもち上がる理由**…水銀をガラス管に満たしてからさかさにたてることで，ガラス管の中は気圧0(**真空**)になっている。容器の中の水銀の液面には大気圧が加わっているため，ガラス管の中の水銀の圧力が容器の液面に加わっている大気圧とつりあう高さまで，水銀柱はもち上がる。そのため，水銀柱は気圧計として利用することができる。

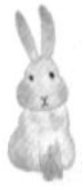

知っておきたい 水銀柱による圧力と大気圧がつりあう高さで水銀は静止する。

テストで注意

Q 地表において，水銀柱の高さが760 mmであった。高度が高い場所で同様の計測をすると，水銀柱の高さは760 mmより高くなるか，低くなるか。

↓

A 低くなる

最重要事項 暗記

暑い夏　力仕事は
（暑：圧力）

わりにめんどう
（わり：÷　めん：面積）

圧力＝力÷面積

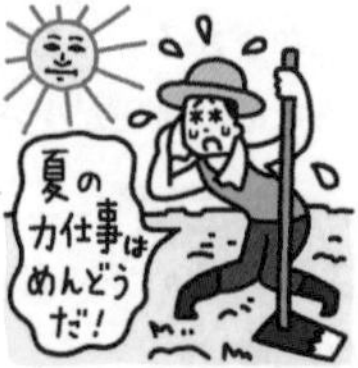

☑チェックテスト

解答

☐ ❶ おす面積が一定のとき，おす力が大きいほど面のへこみはどうなるか。

❶ 大きくなる

☐ ❷ おす力が一定のとき，おす面積が大きいほど面のへこみはどうなるか。

❷ 小さくなる

☐ ❸ 圧力が大きいほど面のへこみはどうなるか。

❸ 大きくなる

☐ ❹ 圧力の単位を答えよ。

❹ Pa（N/m²）

☐ ❺ 圧力を求める式を答えよ。

❺ 力÷面積

☐ ❻ 100 N/m² は何 Pa か。

❻ 100 Pa

☐ ❼ 空気にはたらく重力（空気の重さ）による圧力を何というか。

❼ 大気圧（気圧）

☐ ❽ 1 気圧は約何 hPa か。

❽ 約 1013 hPa

☐ ❾ 水銀を使った大気圧の実験を何の実験というか。

❾ トリチェリの実験

☐ ❿ トリチェリの実験で，1 気圧のとき水銀は約何 cm 上がるか。

❿ 約 76 cm

☐ ⓫ 右の図は，質量 1000 g の直方体を机の上に置いたようすである。この直方体にはたらく重力の大きさは，約（ ① ）N である。圧力とは，（ ② ）あたりにはたらく力の大きさをいう。この直方体を，いろいろな面を下にして置いたとき，最大圧力は最小圧力の（ ③ ）倍になる。最大圧力は，（ ④ ）Pa である。

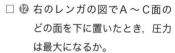

⓫ ①10
②単位面積
③2.5
④5000

☐ ⓬ 右のレンガの図で A ～ C 面のどの面を下に置いたとき，圧力は最大になるか。

⓬ C 面

☐ ⓭ ⓬のレンガの質量は 400 g である。このレンガを机の上に A の面を下にして置いたとき，机にはたらく圧力は何 Pa か。

⓭ 200 Pa

part 4
天気と
その変化

23. 気象の観測 と 大気中の水蒸気

月　　日

📎 図解チェック

1 雲量と天気 ★★

❶ 雲量…空全体を 10 としたときの, 雲が占める割合を雲量という。

丸暗記 雲量 0, 1 を快晴, 2〜8 を晴れ, 9〜10 をくもりという。

❷ 天気記号…天候を表す記号を天気記号という。

天気	天気記号	天気	天気記号
快晴	◯	雪	⊗
晴れ	◍	あられ	△
くもり	◎	ひょう	▲
雨	●	霧	◉
雷	◓	天気不明	⊗

2 乾湿計の使い方 ★★

❶ 乾湿計…乾球温度計の温度(示度)と乾球温度計と湿球温度計の示度の差を読みとり, 湿度表に照らし合わせて湿度を求める。湿度は%で表す。

❷ 乾球温度計と湿球温度計…乾球温度計は気温を表す。湿球温度計はぬらしたガーゼなどの布で球部が包まれている。

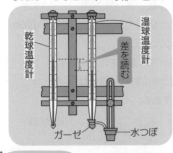

乾球の示度[℃]	乾球と湿球の示度の差						
	0	1	2	3	4	5	6 ……
22	100	91	82	74	66	58	50 ……
21	100	91	82	73	65	57	49 ……
20	100	91	81	73	64	56	48 ……
19	100	90	81	72	63	54	46 ……
18	100	90	80	71	62	53	44 ……
17	100	90	80	70	61	51	43 ……
⋮	⋮	⋮	⋮	⋮	⋮	⋮	⋮ ……

🔺湿度表

👉 **テストで注意**

Q 乾球温度計が 18℃, 湿球温度計が 15℃ を示すときの温度を湿度表を用いて求めよ。 →→→ **A** 71%

- 湿度を求める計算ができるようにしておこう。
- 天気記号を覚えよう。

③ 飽和水蒸気量と湿度 ★★★

❶ 飽和水蒸気量…1 m³ の空気中に含むことのできる最大の水蒸気量を飽和水蒸気量という。

Check!

飽和水蒸気量は気温が高いほど大きくなる。

❷ 湿度…その気温での飽和水蒸気量に対して，1 m³ の空気中に含まれる水蒸気量の割合を百分率（%）で示したもの。

丸暗記

$$湿度（\%）= \frac{空気 1 m³ 中に含まれている水蒸気量（g）}{その気温での空気 1 m³ 中の飽和水蒸気量（g）} \times 100$$

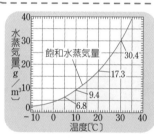

グラフから湿度を
求められるように
しておこうね。

❸ 気温と湿度…空気 1 m³ 中に含まれる水蒸気量が等しくても，気温が異なると飽和水蒸気量が異なるため湿度が異なる。

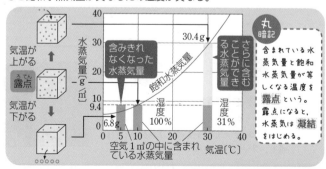

丸暗記

含まれている水
蒸気量と飽和水
蒸気量が等
しくなる温度を
露点という。
露点になると，
水蒸気は凝結
をはじめる。

part 1 電流とその利用

part 2 化学変化と原子・分子

part 3 生物のからだのつくりとはたらき

part 4 天気とその変化

23 | 気象の観測と大気中の水蒸気 | 103

④ 気温・気圧・風向・風力の観測 ★★

❶ **気象要素**…気温，湿度，風向，風力，気圧など，大気の状態を表すための要素を**気象要素**といい，気象観測に必要なものである。

❷ **気温の観測**…気温を測定するときは乾湿計の乾球温度計を使う。このとき，次の点に注意する。

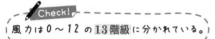
気温は地上約1.5mの高さで測るよ。

- ●直射日光や周囲からの熱の放射をさける。
- ●球部に空気を十分ふれさせる。
- ●目盛りは $\frac{1}{10}$ まで目分量で正しく読みとる。

❸ **気圧の観測**…アネロイド気圧計などを用いて測定する。単位は**ヘクトパスカル**（記号は **hPa**）で表す。

❹ **風向**…風向計を用いて，風の吹いてくる方向を**16方位**で示す。

❺ **風速**…風速計を用いて，風の速さ（単位は **m/s**）を表す。

❻ **風力**…風の強さを風速や周囲のようすから調べる。

Check!
風力は 0 ～ 12 の **13階級** に分かれている。

丸暗記
天気，風力，風向，気温，気圧などを一度に表したものを**天気図記号**という。

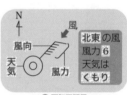
▲天気図記号

テストで注意

Q 右の天気図記号が表す，風向，風力，天気は何か。

A 南西の風，風力3，晴れ

最重要事項暗記

零時快晴，急にくもるが
0～1　　　9～10　　　くもり

夜には晴れ
2～8

雲量が 0～1 のときは快晴，2～8 のときは晴れ，9～10 のときはくもりである。

0時	その後	夜

☑ チェックテスト

□ ❶ 雲量が7のときの天気は何か。

□ ❷ ❶のときの天気を，天気記号で表せ。

□ ❸ 風向は，風の吹いてくる方向，風の吹いていく方向のどちらで表すか。

□ ❹ 風力は，0～（　　）の階級で表す。

□ ❺ ①気圧を表す単位は何か。また，②その単位の記号を書け。

□ ❻ 乾湿計の乾球温度計と湿球温度計の示度の差が小さいほど，湿度は高いか，低いか。

□ ❼ 空気1 m³中に含むことができる水蒸気の最大の量を何というか。

□ ❽ 水蒸気を含んだ空気が冷えると，ある温度で飽和に達する。このときの温度を何というか。

□ ❾ ある日の気温は20℃で，湿度は53%であった。このときの，1 m³の空気中に含まれる水蒸気量は何gか，20℃のときの飽和水蒸気量を17.3 g/cm³として，小数第1位を四捨五入して整数で答えよ。

□ ❿ 下の図は，ある日の気温と湿度である。この日の11時ごろ，天気は晴れていたと考えられるか，雨が降っていたと考えられるか。

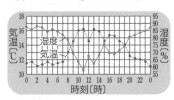

□ ⓫ ❿のグラフについて，乾球温度計と湿球温度計の示す温度の差が最も小さくなった時間は次の㋐～㋑のうちではどれか。1つ選び，記号で答えよ。
　㋐9時　　㋑12時　　㋒15時　　㋓18時

解答

❶ 晴れ

❷ ◐

❸ 風の吹いてくる方向

❹ 12

❺ ①ヘクトパスカル　②hPa

❻ 高い

❼ 飽和水蒸気量

❽ 露点

❾ 9 g

❿ 晴れていた。

⓫ ウ

24. 霧や雲のでき方

図解チェック

① 雲のでき方 ★★

❶ 上空の気圧…上空ほど大気圧は小さくなる。そのため空気のかたまりが
上昇すると膨張する。膨張した空気のかたまりは温度が下がる。

❷ 上空の気温…上空ほど気温は低くなる。気温は，高さが100 m上昇する
ごとに約0.6℃下がる。

❸ 雲のでき方

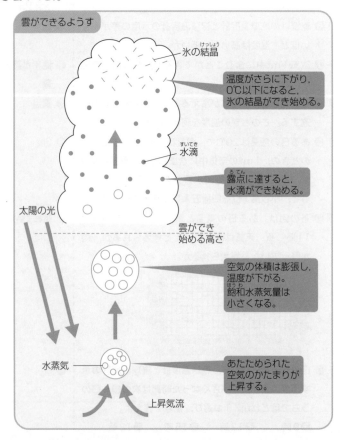

雲ができるようす

氷の結晶

温度がさらに下がり，
0℃以下になると，
氷の結晶ができ始める。

水滴

露点に達すると，
水滴ができ始める。

太陽の光

雲ができ
始める高さ

空気の体積は膨張し，
温度が下がる。
飽和水蒸気量は
小さくなる。

水蒸気

あたためられた
空気のかたまりが
上昇する。

上昇気流

② 雲と上昇気流・下降気流 ★

❶ 上昇気流と雲…空気のかたまりが上昇することで雲ができる。そのため、**上昇気流**がある所には雲が多く発生する。

❷ 下降気流と雲…空気が下降すると温度が上がり、雲が消滅する。そのため、**下降気流**がある所は雲が少なく、晴れになることが多い。

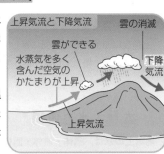

上昇気流と下降気流

雲の消滅
雲ができる
水蒸気を多く含んだ空気のかたまりが上昇
下降気流
上昇気流

Check!

低気圧では**上昇気流**が、高気圧では**下降気流**が発生する。

③ 雨や雪の降り方 ★

丸暗記 雨や雪は、雲をつくる上空の水滴や氷の粒が成長し、地面に落ちてくることで起こる。氷の粒がとけたものが雨、とけずにそのまま落ちてきたものが雪である。

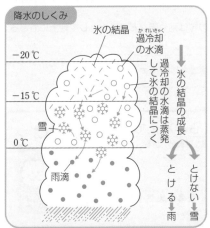

降水のしくみ

氷の結晶
過冷却の水滴
−20℃
過冷却の水滴は蒸発して氷の結晶につく
−15℃
雪
0℃
雨滴

氷の結晶の成長
とける → 雨
とけない → 雪

Check!

雨や雪などをまとめて**降水**とよぶ。

水が0℃以下でも液体になっている状態を過冷却というよ。

④ 雲と霧

❶ 霧…地表付近の空気が冷やされて温度が露点より低くなり，空気中に含みきれなくなった水蒸気が凝結して小さな水滴となって浮かんでいるものが霧である。

❷ 雲と霧…雲も霧も空気中の水蒸気の凝結によって発生する。雲は空気が上昇後に冷やされて地面に接していないのに対し，霧は地表付近で冷やされて地面に接しているという違いがある。

⑤ 太陽と水の循環

水は姿を変えて動いているんだ。

地球上の水は，気体・液体・固体と姿を変えながら，海➡大気中➡地上➡地中と次のように循環している。

❶ 蒸発…地表や海面の水は，太陽によってあたためられて，つねに一部が蒸発している。生じた水蒸気は空気中に混じっている。

▲水の循環

❷ 雲…空気中に混じりこんだ水蒸気は，上空にのぼることにより凝結し，雲となる。

❸ 降水…雲をつくる水滴や氷の粒は雨や雪などの降水として地上にもどる。

Check!

水の循環のみなもとは，太陽エネルギーである。

最重要事項
暗記

空気塊 ふくらみ冷えて
空気のかたまり　　膨張し温度が下がる

雲発生

ムク ムク ムク

雲は，空気のかたまりが上昇し膨張することで温度が下がり，発生する。

☑ チェックテスト

解答

□ ❶ 上空に行くほど，周囲の気圧はどうなるか。
❶ 低くなる。

□ ❷ 上昇する空気の体積は，❶のためどうなるか。
❷ 膨張する。

□ ❸ 空気が膨張するとき，空気の温度はどうなるか。
❸ 下がる。

□ ❹ ❸の結果，飽和水蒸気量はどのように変化するか。
❹ 小さくなる。

□ ❺ 水蒸気を含んだ空気が冷やされると，やがて水蒸気が水滴となって出てくる。このときの温度を何というか。
❺ 露点

□ ❻ 水滴や氷の粒が，上空に浮かんでいるものを何というか。
❻ 雲

□ ❼ 雲が多く発生するのは，上昇気流がある場所か，下降気流がある場所か。
❼ 上昇気流

□ ❽ 雲が少ないのは，上昇気流がある場所か，下降気流がある場所か。
❽ 下降気流

□ ❾ 雲をつくる氷の結晶が落ちてくる途中に，とけて水滴となり，そのまま落ちてきたものを何というか。
❾ 雨

□ ❿ 雨や雪などをまとめて何とよぶか。
❿ 降水

□ ⓫ 地表付近の空気が冷やされて露点に達することで水蒸気が凝結し，小さな水滴となって浮かんでいるものを何とよぶか。
⓫ 霧

□ ⓬ 地球上の水の循環は，何エネルギーをみなもととして起こっているか。
⓬ 太陽エネルギー

□ ⓭ 右の図のような密閉した装置で注射器のピストンをすばやく引くと，フラスコ内の（①　）が急激に低下して温度が下がり，フラスコ内の（②　）が水滴に変化して白くくもった。このような変化を（③　）という。これは，気象現象で雲ができるときと同様のしくみである。

デジタル温度計　注射器　ぬるま湯

⓭ ①圧力（気圧）
　②水蒸気
　③凝結

part 1 電流とその利用

part 2 化学変化と原子・分子

part 3 生物のからだとはたらき

part 4 天気とその変化

天気と
その変化

25. 気圧と風

月 日

📎 図解チェック

1 風の吹き方 ★

❶ 等圧線…天気図上で，同じ時刻に観測した**気圧が等しい**地点を結んだ線。
等圧線によって気圧の高い，低いがわかりやすくなる。

❷ 風…空気が，気圧の**高い所から低い所**へ向かって移動する動きが風である。

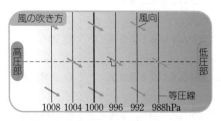

Check!
北半球の場合，風
向は等圧線に直角な
方向から右へずれる。

2 等圧線と風力 ★★

丸暗記

❶ 等圧線の間隔が狭い所…気圧の変化が急になっているため，風力が大きい。高気圧と比べて低気圧の方が等圧線の間隔が狭い。

❷ 等圧線の間隔が広い所…気圧の変化が穏やかなので，風力が小さい。低気圧と比べて高気圧の方が等圧線の間隔が広い。

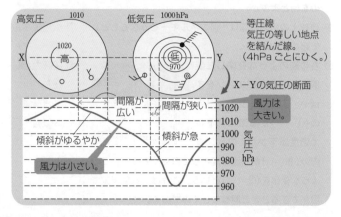

part
1
電流と
その利用

part
2
化学変化と
原子・分子

part
3
生物のからだの
つくりとはたらき

part
4
天気と
その変化

得点 UP!
● 高気圧・低気圧のようすを確認しよう。
● 風が吹くしくみを理解しよう。

③ 高気圧と低気圧 ★★★

❶ 高気圧…等圧線は閉じた曲線になっており，中心の気圧が周囲よりも高い所を高気圧という。高気圧の中心付近では下降気流が発生し，晴れることが多い。

❷ 低気圧…等圧線は閉じた曲線になっており，中心の気圧が周囲よりも低い所を低気圧という。低気圧の中心付近では上昇気流が発生し，雲が発生することが多い。

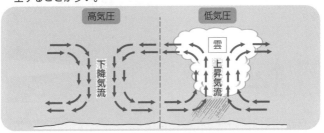

④ 高気圧と低気圧の風の吹き方 ★★★

❶ 高気圧と風…北半球では高気圧の中心から時計まわりに風が吹き出す。

❷ 低気圧と風…北半球では低気圧の中心に反時計まわりに風が吹きこむ。

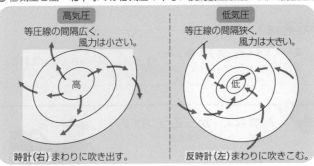

Check!

南半球では，風の回転方向が北半球と逆になるため，高気圧の中心から反時計まわりに風が吹き出し，低気圧の中心に時計まわりに風が吹きこむ。

⑤ 海風と陸風 ★

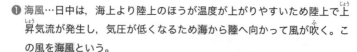
海は陸よりあたたまりにくく
冷めにくいんだよ。

❶ 海風…日中は，海上より陸上のほうが温度が上がりやすいため陸上で上昇気流が発生し，気圧が低くなるため海から陸へ向かって風が吹く。この風を海風という。

❷ 陸風…夜間は，陸上より海上のほうが温度が下がりにくいため陸上で下降気流が発生し，気圧が高くなるため陸から海へ向かって風が吹く。この風を陸風という。

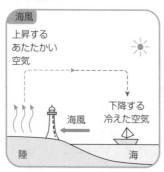

海風

上昇する
あたたかい
空気

下降する
冷えた空気

海風

陸　　　　　海

陸風

下降する
冷えた空気

上昇する
あたたかい
空気

陸風

陸　　　　　海

知っておきたい　海風と陸風が入れかわる朝と夕方は，一時的に風が吹かない凪という現象が起こる。

テストで注意

Q 凪が生じるとき，海上と陸上の温度差はどうなっているか。　→→→　A 小さくなっている。

最重要事項 暗記

高貴な人　かっこうつけて
（高気圧）（下降気流）

時計見る
（時計まわり）

高気圧は，下降気流で，時計まわり（右まわり）に風を吹き出す。

ホホホホ

☑チェックテスト

解答

□ ❶ 風は，気圧の(①　　)い所から(②　　)い所に向かって吹く。

❶ ①高
　②低

□ ❷ 気圧の等しい地点をなめらかに結んだ線を何というか。

❷ 等圧線

□ ❸ ①周囲より気圧の高い所を何というか。また，②周囲より気圧の低い所を何というか。

❸ ①高気圧
　②低気圧

□ ❹ 風力が大きいのは，等圧線の間隔が狭い所と広い所のどちらか。

❹ 間隔が狭い所

□ ❺ ①高気圧の中心部，②低気圧の中心部では，上昇気流か，それとも下降気流か。

❺ ①下降気流
　②上昇気流

□ ❻ 雲が発生して，天気が悪くなることが多いのは，高気圧か，低気圧か。

❻ 低気圧

□ ❼ 北半球では，高気圧の中心から風が(①　　)まわりに吹き(②　　)。

❼ ①時計(右)
　②出す

□ ❽ 晴れた日の日中，温度が上がりやすいのは陸上と海上のどちらか。

❽ 陸上

□ ❾ ❽より，日中は(①　　)から(②　　)に向かって(③　　)風が吹く。

❾ ①海　②陸
　③海

□ ❿ 晴れた日の夜間，温度が下がりにくいのは陸上と海上のどちらか。

❿ 海上

□ ⓫ ❿より，夜間は(①　　)から(②　　)に向かって(③　　)風が吹く。

⓫ ①陸　②海
　③陸

□ ⓬ 右の図は，ある日の日本付近の天気図である。図のA付近は，高気圧・低気圧のどちらか。

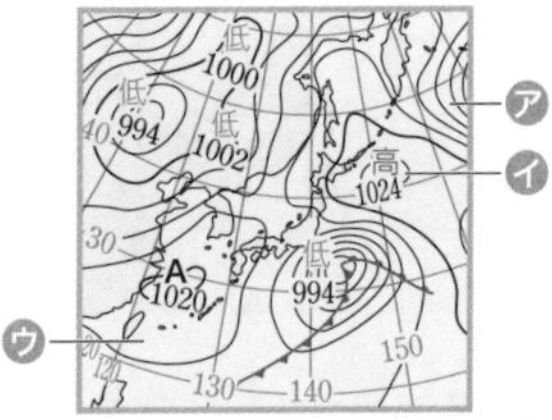

⓬ 高気圧

□ ⓭ ⓬の図中の㋐〜㋒において，もっとも風が強い地点は(　　)である。

⓭ ㋐

26. 気団 と 前線

図解チェック

1 気団 と 前線 ★★★

❶ 気団…気温・湿度などの性質がほぼ同じ空気のかたまりを気団という。
気団には,あたたかい空気をもつ暖気団と冷たい空気をもつ寒気団がある。

❷ 前線…異なる性質の気団が接したとき,すぐに混じり合わず境界面をつくる。この面を前線面といい,前線面が地表面と交わる所を前線という。

❸ 寒冷前線と天気…寒気が暖気の下にもぐりこんで,暖気をおし上げながら進む前線を寒冷前線という。

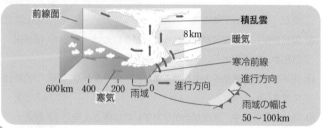

知って
おきたい
寒冷前線では積乱雲が発達する。

❹ 温暖前線と天気…暖気が寒気の上にはい上がって進む前線を温暖前線という。

知って
おきたい
温暖前線では乱層雲などが発達する。

● 寒冷前線，温暖前線の断面図を確認しよう。
● 前線の通過後，天気がどう変化するかおさえよう。

前線通過後の天気に注意しよう!

② 低気圧と前線 ★★★

❶ **温帯低気圧**…前線が交わるところにできる低気圧で，日本付近では，東側に**温暖前線**，西側に**寒冷前線**をともなう。上空の**偏西風**にのって西から東に進みながら発達する。

❷ **温暖前線の通過と天気**…弱い雨が長時間降り続き，雨の範囲は広い。前線の通過後は暖気に覆われるため，気温は高くなり，風向は南よりに変わる。

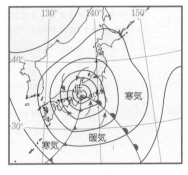

❸ **寒冷前線の通過と天気**…短時間に激しい雨が降り，雷や突風をともなうこともある。前線の通過後は寒気に覆われるため，気温は急激に下がる。風向は南よりから西または北よりに変わる。

知っておきたい

温暖前線の通過後，気温は上がり，天気は一時よくなる。
寒冷前線の通過後，気温は下がり，天気は回復する。

③ 停滞前線 ★★

南からの暖気と北からの寒気がぶつかり合い，勢力が同じようなときには停滞前線ができる。停滞前線はほとんど動かないため，天気の悪い状態が続く。

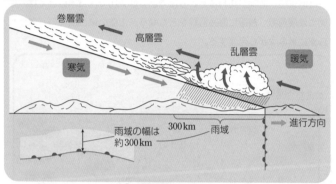

▲ 停滞前線ができるようす

知っておきたい

停滞前線付近では，雨やくもりの日が続く。梅雨末期には，南側からあたたかく湿った空気が吹きこみ，集中豪雨になることがある。

最重要事項　暗記

通過後に 寒くなるのは
気温が下がる

慣例さ
寒冷前線

寒冷前線の通過後，気温が下がる。

トンネル抜けたら雪国か…

☑ チェックテスト

□ ❶ ①性質の異なる気団の境の面を何というか。また、②この境の面が地表面と交わる所を何というか。

❶ ①前線面
　②前線

□ ❷ 寒気が暖気の下にもぐりこんでできる前線を何というか。

❷ 寒冷前線

□ ❸ 暖気が寒気の上にはい上がってできる前線を何というか。

❸ 温暖前線

□ ❹ 温帯地方で発達する、寒冷前線と温暖前線をともなった低気圧を何というか。

❹ 温帯低気圧

□ ❺ ❹が西から東に進むのは、何という風にのるからか。

❺ 偏西風

□ ❻ 温暖前線の通過後、気温は(①　　)くなり、風向は(②　　)よりに変わる。

❻ ①高
　②南

□ ❼ 寒冷前線の通過後、気温は(①　　)くなり、風向は(②　　)または(③　　)よりに変わる。

❼ ①低
　②西　③北

□ ❽ 短時間に激しい雨を降らせるのは、温暖前線と寒冷前線のどちらか。

❽ 寒冷前線

□ ❾ 長時間に弱い雨を降らせるのは、温暖前線と寒冷前線のどちらか。

❾ 温暖前線

□ ❿ 雨が降る範囲が広いのは、温暖前線と寒冷前線のどちらか。

❿ 温暖前線

□ ⓫ 暖気と寒気の勢力がほぼ同じときにできる前線を何というか。

⓫ 停滞前線

□ ⓬ 日本付近で6月ごろに見られる停滞前線は何か。

⓬ 梅雨前線

□ ⓭ 右の図は、ある日の天気図を示している。図の前線Aは(①　　)前線、前線Bは(②　　)前線である。前線Bが通過後、気温は(③　　)り、風向は(④　　)よりに変わる。また、前線Aの通過後、気温は(⑤　　)る。

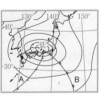

⓭ ①寒冷
　②温暖
　③上が
　④南
　⑤下が

27. 天気の予報と偏西風

月　日

📎 図解チェック

1 天気図 ★★

丸暗記

等圧線は,
- **1000 hPa** を基準とする。
- **4 hPa** 間隔でひく。
- **20 hPa** ごとに太い線でひかれている。

天気図には天気図記号も
示されているよ。

▲天気図

知っておきたい　天気図から, 各地の天気のようすや気圧のようすなどを知ることができる。

2 高気圧・低気圧の移動と天気の変化 ★★

日本付近の高気圧や低気圧, 前線は, 西から東へ移動する。それにともない, 天気は西から東へ変化する。

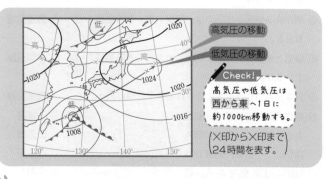

高気圧の移動

低気圧の移動

✏ Check!
高気圧や低気圧は
西から東へ1日に
約1000km移動する。

(×印から×印まで
24時間を表す。)

知っておきたい　日本付近の上空に吹く偏西風によって, 天気は西から東へ変化する。

得点↑UP!
- 天気図を読みとれるようにしておこう。
- 偏西風によって天気がどう変化するか確認しよう。

part
1
電流と
その利用

part
2
化学変化と
原子・分子

part
3
生物のからだの
つくりとはたらき

part
4
天気と
その変化

③ 閉塞前線と低気圧の消滅 ★

❶ **閉塞前線**…寒冷前線は温暖前線よりもはやく進むため，追いついてしまう。このときできる前線を**閉塞前線**という。

❷ **低気圧の消滅**…閉塞前線ができると地上付近は**寒気**に覆われ，低気圧は消えてしまうことが多い。

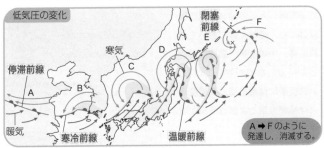

低気圧の変化

閉塞前線 E F

寒気 D

停滞前線 C

A B

暖気

寒冷前線 温暖前線

A → Fのように発達し，消滅する。

④ 日本付近の大きな気団 ★★★

日本列島付近の大陸・海上では季節ごとに**高気圧**が発達する。それぞれの高気圧では大きな**気団**が形成される。

シベリア気団
乾燥・寒冷
冬
（春・秋）

オホーツク海気団
湿潤・寒冷

梅雨期

日本

夏
梅雨期

小笠原気団
湿潤・温暖

Check!
日本付近ではこれらの気団の影響を受けるため，四季の変化が生まれる。

知っておきたい
北にある気団は寒冷，南にある気団は温暖，大陸にある気団は乾燥，海上にある気団は湿潤という性質をもつ。

⑤ 偏西風と大気の動き★

❶ 偏西風…日本付近の上空には一年中，西から東へ風が吹いている。そのため，天気は西から東へ移り変わる。この風を偏西風という。

❷ 地球規模の大気の動き…偏西風以外にも，地球全体において低緯度帯，中緯度帯，高緯度帯ごとに特徴的な風が吹いている。低緯度帯には貿易風，高緯度帯には極偏東風とよばれる風が吹く。

太陽の熱エネルギーにより赤道付近の空気はあたためられる一方，極付近では空気は冷えやすい。この温度差により地球規模で大気が循環し，特徴的な風が吹く。

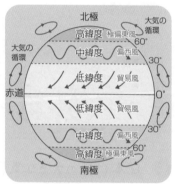

▲地球をめぐる大気の動き

知っておきたい　偏西風の影響のため，日本付近に大陸から黄砂が飛来することがある。

最重要事項暗記

上空は　西に偏り
　　　　　偏西風

天気移動

日本付近の上空には偏西風が吹くため，天気は西から東へ移動する。

雲が西に集まっている

✅ チェックテスト

解答

□ ❶ 等圧線は，(①)hPaを基準とし，(②)hPa 間隔でひかれている。(③)hPaごとに太い線で ひかれている。

❶ ① **1000**
② **4**
③ **20**

□ ❷ 等圧線が閉じた曲線になっており，中心の気圧が周 囲よりも低い部分を何というか。

❷ 低気圧

□ ❸ 日本付近では，移動性高気圧や低気圧は，(①) から(②)に移動する。

❸ ①西
②東

□ ❹ 寒冷前線と温暖前線を比較すると，進むはやさが速 いのはどちらか。

❹ 寒冷前線

□ ❺ 寒冷前線が温暖前線に追いついてできる前線は何か。

❺ 閉塞前線

□ ❻ ❺の前線ができた後，地表付近は(①)気に覆わ れ，その後，低気圧は(②)することが多い。

❻ ①寒
②消滅

□ ❼ 温度や湿度などの性質が同じ大気のかたまりを何と いうか。

❼ 気団

□ ❽ ❼のうち，冬に大陸上で発達し，寒冷で，乾燥して いるものを何というか。

❽ シベリア気 団

□ ❾ ❼のうち，夏に北太平洋上で発達し，温暖で，湿っ ているものを何というか。

❾ 小笠原気団

□ ❿ 日本付近の天気が西から東へと変化するのは，何と いう風の影響か。

❿ 偏西風

□ ⓫ ❿の風は，日本を含む地球の( )緯度の上空を吹 いている。

⓫ 中

□ ⓬ 下の天気図より，22日と23日の新潟県付近を通 っている等圧線の値をそれぞれ答えよ。

⓬ 22日ー
1016hPa
23日ー
1024hPa

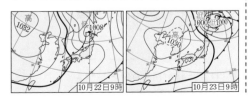

part 1 電流と その利用

part 2 化学変化と 原子・分子

part 3 生物からだの つくりとはたらき

part 4 天気と その変化

天気と
その変化

28. 日本の天気と気象災害

〰 図解チェック

① 季節風 ★★

❶ 季節風…季節によって風向が変わる風を季節風という。

❷ 季節風の吹くしくみ

季節風が吹くしくみは海陸風が吹くしくみと同じだよ。

● 冬…日射が弱いため，大陸は海上より冷えやすい。大陸上では下降気流が発生し，気圧が高くなる。反対に海上では気圧が低くなるため，大陸から海上に向かって風が吹く。

● 夏…日射が強いため，大陸は海上よりあたたまりやすい。大陸上では上昇気流が発生し，気圧が低くなる。反対に海上では気圧が高くなるため，海上から大陸に向かって風が吹く。

🖊 Check!

冬は北西の季節風，夏は南東の季節風が吹く。

② 冬の天気 ★★★

❶ シベリア高気圧…シベリア高気圧が発達し，シベリア気団が勢力を強める。シベリア高気圧から吹き出した風は北西の季節風として，日本海側に大雪をもたらす。一方，太平洋側では晴れて乾燥した日が多くなる。

▲ 冬の天気図

❷ 気圧配置…日本列島の西側に高気圧，東側には低気圧が生じる。これを西高東低の気圧配置といい，典型的な冬型の気圧配置である。

🖊 Check!

冬型の気圧配置では等圧線が南北に伸びている。

得点 UP!
● 夏と冬の典型的な気圧配置をおさえよう。
● どのような気象災害があるか理解しよう。

③ 春・秋の天気 ★★

　偏西風によって移動してくる高気圧を移動性高気圧という。また，日本海などで温帯低気圧が生じることがある。移動性高気圧と温帯低気圧が交互にやってくるため天気は周期的な変化をする。

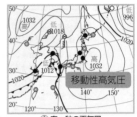

▲ 春・秋の天気図

Check!

9月ごろには，秋雨前線とよばれる停滞前線が長く伸び，梅雨の時期に似た気圧配置となる。

④ 梅雨の天気 ★★

　オホーツク海高気圧によるオホーツク海気団と太平洋高気圧による小笠原気団の勢力が強くなる。2つの気団の勢力がほぼ同じため，梅雨前線とよばれる停滞前線が発生する。

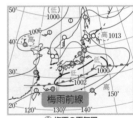

▲ 梅雨の天気図

Check!

7月下旬ごろには太平洋高気圧がさらに発達するため，梅雨が明ける。

⑤ 夏の天気 ★★★

❶ 太平洋高気圧…太平洋高気圧が発達し，小笠原気団が勢力を強める。日本列島の南東からあたたかく湿った季節風が吹き，蒸し暑い日が続く。

❷ 気圧配置…太平洋上に大きな高気圧ができ，北では低気圧が生じやすい。これを南高北低の気圧配置という。

▲ 夏の天気図

part 1 電流とその利用

part 2 化学変化と原子・分子

part 3 生物のからだのつくりとはたらき

part 4 天気とその変化

⑥ 台 風 ★★★

熱帯で発生した熱帯低気圧のうち，風速が **17.2 m/s** 以上になったものを台風とよぶ。

丸暗記

台風には，次の特徴がある。
- 風速は17.2 m/s以上
- 中心気圧が低く，等圧線の間隔が狭い同心円状で前線をともなわない。
- 進行方向に対して**右側(東側)**の方の風が強い。
- 中心部には下降気流が生じて雲が発生しない「**台風の目**」が見られる。

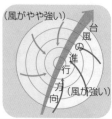
(風がやや強い)
台風の進行方向
(風が強い)
▲台風の模式図

⑦ 気象による災害 ★★

❶ 集中豪雨による災害…梅雨前線や台風などにより，集中豪雨が発生する。それにより，さまざまな災害が起こる。
- 河川の氾濫による洪水。
- 低い土地に水が流れこみ浸水が起こる。
- **土石流**…長雨や台風などにより，山腹や川底の石や土砂が，一気に下流へおし流される現象。

❷ **高潮**…台風による低気圧や強風などにより海面が上昇すること。

知っておきたい

重大な災害が起こるおそれが著しく高まっているとき，最大級の警戒を呼びかけるため気象庁から特別警報が発表される。

最重要事項暗記

 シベリアで
シベリア気団

 冬に凍えて
寒冷

干からびる
乾燥

冬に発達するシベリア気団の特徴は，寒冷・乾燥である。

シベリア
み・
水…

part
1
電流と
その利用

part
2
化学変化と
原子・分子

part
3
生物のからだの
つくりとはたらき

part
4
天気と
その変化

☑ チェックテスト

解答

□ ❶ 季節によって風向が変わる風を何というか。
❶ 季節風

□ ❷ 日本付近で冬に吹く❶の風向を答えよ。
❷ 北西

□ ❸ 日本付近で夏に吹く❶の風向を答えよ。
❸ 南東

□ ❹ ユーラシア大陸で冬に発達する高気圧の名称を何というか。
❹ シベリア高気圧

□ ❺ ❹の中心付近にできる気団の名称を書け。
❺ シベリア気団

□ ❻ ❺の気団の特徴は，寒冷・(　　　)である。
❻ 乾燥

□ ❼ 日本付近の冬によくみられる特徴的な気圧配置の名称を答えよ。
❼ 西高東低

□ ❽ 春や秋に日本付近を通過して天気に影響を与える高気圧の名称を書け。
❽ 移動性高気圧

□ ❾ 9月ごろに発達する停滞前線を何というか。
❾ 秋雨前線

□ ❿ 梅雨前線は，オホーツク海気団と(　　　)気団が接することでできる。
❿ 小笠原

□ ⓫ 日本列島の南の海上で夏に発達する高気圧の名称を何というか。
⓫ 太平洋高気圧

□ ⓬ 夏に発達し，日本列島を覆う気団を何というか。
⓬ 小笠原気団

□ ⓭ 日本付近の夏によくみられる特徴的な気圧配置の名称を答えよ。
⓭ 南高北低

□ ⓮ 熱帯低気圧のうち，風速が(　　　)m/s以上のものを台風という。
⓮ 17.2

□ ⓯ 台風は，等圧線の間隔が(①　　　)く，(②　　　)をともなわないという特徴がある。
⓯ ①狭　②前線

□ ⓰ 台風の多くが日本付近で東よりに進路を変えるのは何という風の影響か。
⓰ 偏西風

□ ⓱ 集中豪雨や台風などにより，山腹や川底の石や土砂が，一気に下流へおし流される現象を何というか。
⓱ 土石流

□ ⓲ 台風による低気圧や強風などにより海面が上昇する現象を何というか。
⓲ 高潮

part 4

📝 まとめテスト

月　日

解答

- [ ] ❶ 圧力とは，（　　　）あたりにはたらく力の大きさをいう。
- [ ] ❷ 1気圧は約（　　　）hPaである。
- [ ] ❸ 1気圧のもとで，閉じたガラス管に入れた水銀柱は約何cmの高さまでおし上げられるか。
- [ ] ❹ 重さ3kgのレンガをスポンジの上に置いた。レンガの，スポンジと接する面の面積が1500cm²のとき，スポンジにはたらく圧力は何Paか。
- [ ] ❺ 雲量が9のときの天気を何というか。
- [ ] ❻ ❺の天気を，天気記号で示せ。
- [ ] ❼ 乾湿計の乾球温度計と湿球温度計の示度の差が小さいほど，湿度は高いか，それとも低いか。
- [ ] ❽ 空気1m³中に含むことができる水蒸気の最大の量を何というか。
- [ ] ❾ 水蒸気を含んだ空気が冷えると，ある温度で飽和に達する。このときの温度を何というか。
- [ ] ❿ 同じ湿度のときに，空気中の水蒸気量が多いのは，温度が高いときか，低いときか。
- [ ] ⓫ コップにくみ置きの水を入れ，氷を使って温度を下げていくと，10℃になったときコップの表面に水滴が付いた。右の表を用いて，

気温(℃)	飽和水蒸気量
10	9.4
15	12.8
20	17.3
25	23.1
30	30.4

  このときの湿度を小数第1位を四捨五入して整数で答えよ。ただし，測定したときの気温は30℃であった。
- [ ] ⓬ 1m³中に12.8gの水蒸気を含んでいる，30℃の空気がある。この空気を冷やしたとき，何℃で露点に達するか。⓫の表を用いて求めよ。

❶ 単位面積

❷ 1013

❸ 76 cm

❹ 200 Pa

❺ くもり

❻

❼ 高い

❽ 飽和水蒸気量

❾ 露点

❿ 高いとき

⓫ 31%

⓬ 15℃

part
1
電流と
その利用

part
2
化学変化と
原子・分子

part
3
生物のからだの
つくりとはたらき

part
4
天気と
その変化

□ ⑬ 空気のかたまりが上昇すると，（①　　　）に達し，（②　　　）ができて雲ができ始める。 ⑬ ①露点　②水滴

□ ⑭ 北半球の場合，風は等圧線に直角な方向から，右，左いずれのほうへずれて吹くか。 ⑭ 右

□ ⑮ 北半球において，高気圧では，どの向きに風が吹き出しているか。 ⑮ 時計まわり（右まわり）

□ ⑯ 低気圧の中心部では，上昇気流，下降気流のどちらが起こっているか。 ⑯ 上昇気流

□ ⑰ 性質の異なる気団の境の面が，地表面で接する線を何というか。 ⑰ 前線

□ ⑱ 2つの気団の勢力がほぼ同じで，ほとんど動かない前線を何というか。 ⑱ 停滞前線

□ ⑲ 狭い範囲に，にわか雨などの激しい雨が降るのは，寒冷前線，温暖前線のどちらか。 ⑲ 寒冷前線

□ ⑳ 通過後，気温が上がり，天気が一時よくなるのは，寒冷前線，温暖前線のどちらか。 ⑳ 温暖前線

□ ㉑ 温帯地方で発達する，寒冷前線と温暖前線をともなった低気圧を何というか。 ㉑ 温帯低気圧

□ ㉒ ㉑の中心部から，南西方向へのびる前線は，寒冷前線，温暖前線のどちらか。 ㉒ 寒冷前線

□ ㉓ 日本付近では，高気圧や低気圧，前線などは，どちらからどちらへ移動するか。 ㉓ 西から東へ

□ ㉔ シベリア気団は，（　　　）で乾燥しているという特徴がある。 ㉔ 寒冷

□ ㉕ 夏に日本付近で勢力を強め，あたたかく湿った空気を送る気団は何か。 ㉕ 小笠原気団

□ ㉖ 台風は，等圧線の間隔が狭く（　　　）をともなわない。 ㉖ 前線

□ ㉗ 台風により潮位が異常に上がる現象を何というか。 ㉗ 高潮

□ ㉘ 台風で風が強まるのは，進行方向に対して東側か，西側か。 ㉘ 東側

装丁デザイン　ブックデザイン研究所
本文デザイン　京田クリエーション
　　　図 版　ユニックス
　イラスト　ウネハラユウジ

写真所蔵・提供

浅野浅春　遠藤純夫　ピクスタ　山本達夫　〈敬称略・五十音順〉

本書に関する最新情報は, 小社ホームページにある**本書の「サポート情報」**を
ご覧ください。(開設していない場合もございます。)
なお, この本の内容についての責任は小社にあり, 内容に関するご質問は直接
小社におよせください。

中2 まとめ上手 理科

編著者	中 学 教 育 研 究 会	発行所	受 験 研 究 社
発行者	岡　本　明　剛	©株式会社	増進堂・受験研究社

〒550-0013 大阪市西区新町2—19—15
注文・不良品などについて：(06)6532-1581(代表)／本の内容について：(06)6532-1586(編集)

注意 本書の内容を無断で複写・複製(電子化　　Printed in Japan　ユニックス(印刷)・高廣製本
を含む)されますと著作権法違反となります。

落丁・乱丁本はお取り替えします。